글 마티아 크리벨리니 · 그림 아그네세 바루치

놀면서 즐겁게 배우는 수학?
할 수 있습니다. 반드시 해야 합니다!

아이들이 수학을 꾸준히 공부하려면, 어릴 때부터 즐겁게, 그리고 쉽게 배워야 합니다. 즐거움은 학습의 강력한 동기가 되며, 높은 성취감을 심어 주기 때문입니다. 하지만 막상 수학을 어떻게 재미있게 가르쳐야 할지 엄두가 나지 않지요. 그런 고민이 있는 부모님들을 위해, 즐겁게 수학을 배울 수 있는, 미치도록 재미있는 수학 교재 〈수빠맨〉을 준비했습니다.

수학에 빠진 전 세계 아이들이 맨 처음 선택한 기초 교재, 〈수빠맨〉은 재미있고 흥미진진한 이야기를 초등 수학의 네 가지 학습 영역으로 구성하여, 다채로운 수학 문제 풀이 활동을 할 수 있도록 했습니다. 여러 가지 수학 놀이 활동을 하는 동안, 초등 수학 전 과정에 걸쳐 핵심 개념을 습득할 수 있습니다.

이 책은 단원마다 짧은 이야기에서부터 시작합니다. 기발하면서도 재미난 상상이 가득한 이야기를 읽고 이야기와 긴밀하게 이어져 있는 수학 문제를 풀어 나가면서 수학 독해력을 기르는 훈련을 하게 되지요. 더 나아가 생활과 수학이 밀접하게 연관되어 있다는 것을 체득하며 수학에 대한 호기심과 흥미가 자연스럽게 생길 것입니다.

〈수빠맨〉은 수학 개념을 무작정 외우는 대신, 아이들 스스로 수학 개념을 익힐 수 있도록 설계했습니다. 책에 있는 여러 수학 활동들을 아이들 '스스로' 할 수 있도록 도와주세요. 스스로 문제를 해결해 가면서 수학에 대한 자신감을 기를 수 있을 테니까요.

• 기다려 주세요!

　아이가 문제를 풀 때까지 시간이 오래 걸릴 수 있습니다. 또 책을 다 풀지 않고 중간에 덮어 버리거나, 어떤 문제는 건너뛸 수도 있습니다. 그것만으로 수학을 포기했다고 단정하지 마세요. 그저 아이를 믿고 기다려 주세요.

• 답을 알려 주는 대신, 질문을 하세요!

　아이들이 어떻게 풀어야 하는지, 답이 무엇인지 모르겠다고 했을 때 바로 답을 알려 주지 마세요. 대신 질문을 통해 아이들을 정답으로 유도해 주세요. 문제를 다시 잘 읽어 보도록 독려하거나, 막힌 부분이 무엇인지 물어보고 아이 스스로 답을 찾아 나갈 수 있도록 도와주세요.

• 수학 문제 해결의 첫 단계는 이해라는 점을 잊지 마세요!

　수학 공부를 막 접하는 초등 저학년일수록 문제만 읽고 무턱대고 계산하거나 문제 푸는 공식만 외지 않도록 주의해야 합니다. 대신 한 문제를 풀더라도 아이가 문제를 제대로 이해할 수 있도록 시간을 충분히 주세요. 또한 아이들이 수학 문제의 답을 잘 맞히는 것보다, 문제를 어떻게 풀었는지 설명하는 것을 습관화할 수 있게 도와주세요. 어떤 풀이 과정을 거쳐 답을 구했는지 아는 것이 가장 중요합니다.

• 생활에서 수학을 찾아보세요!

　아이들이 생활 속에서 수를 발견하도록 도와주세요. 여러 활동을 하는 동안 수학이 언제, 어떻게 쓰이는지 물어보고 이야기해 주세요. 이 책을 읽고 난 뒤에는 생활에서 수학이 어떻게 적용되고 실현되는지 아이와 함께 찾아보세요.

초등학생을 위한 최고의 수학 학습서 <수빠맨>

우리가 늘 해 온, 익숙한 수학 공부는 어떤 형태일까요? 여러 가지 수학적 개념과 공식을 외우고 이해하는 것, 그리고 그 이해를 바탕으로 이런저런 문제를 푸는 것을 떠올릴 수 있습니다. 하지만 초등학생에게 그와 같은 학습 방법을 그대로 적용하는 게 반드시 옳지는 않습니다. 그러한 정통의 수학 학습법은 조금 나중에 한다고 하더라도 늦지 않습니다. 수학을 이제 막 시작하는 초등학생은 수학과 친숙해지는 방식으로 공부하는 것이 훨씬 더 중요합니다.

시중에는 연산 훈련을 하는 교재나 부모님과 아이가 함께 공부할 수 있는 수학 교재가 많이 있습니다. 처음 출판사에서 초등학생을 대상으로 수학책을 펴낸다고 들었을 때 기존에 있는 다른 책들과 무엇이 다를까 궁금했습니다. 그리고 이 책을 살펴보고 나니 확신할 수 있었습니다. <수빠맨>은 아주 특별한 책이라는 것을 말입니다. 이 책은 조금만 살펴보아도 어떻게 전 세계 어린이들의 마음을 사로잡았는지 알 수 있습니다. 아이들의 시선을 끄는 캐릭터와 함께 다양한 환경에서 일어나는 재미있는 이야기들로 가득 차 있는 책이거든요.

<수빠맨>은 평범하고 시시한 수학 학습서가 아닙니다. 등장하는 캐릭터와 이들이 끌어가는 이야기가 재미있기도 하지만 무엇보다도 수학적인 내용이 알찹니다. 수와 연산, 도형과 측정, 규칙과 추론 등 초등학교 수학 교육 과정에 등장하는 필수적인 내용이 충실하게 담겨 있습니다. 아이들은 이 책을 펼쳐 여러 가지 수학 활동을 하는 동안 자연스러운 사고 흐름에 따라 마치 게임을 하듯 공부할 수 있습니다. 높은 수준의 집중력을 발휘하지 않더라도 퀴즈를 풀고, 도형과 전개도를 오리고, 스티커를 붙이면서 수학적 개념을 이해하고 문제를 해결할 수 있도록 구성되어 있습니다.

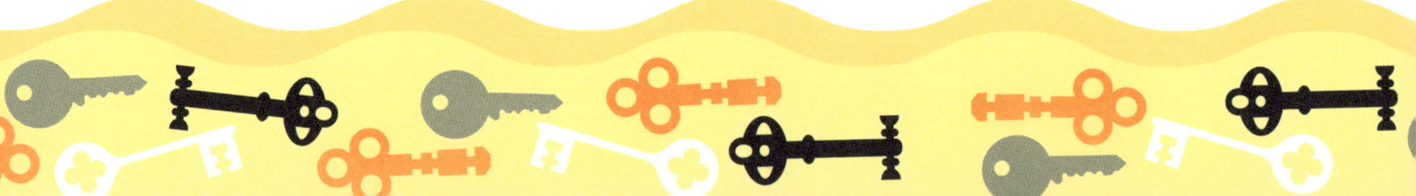

이 책은 단원마다 짧은 이야기에서부터 시작합니다. 기발하면서도 재미난 상상이 가득한 이야기를 읽고 이야기와 긴밀하게 이어진 수학 문제를 풀어 나가면서 수학 독해력을 기르는 훈련을 할 수 있습니다. 여러 가지 이야기들을 통해 수학이 생활과 밀접하게 연관되어 있다는 것을 체득하며 수학에 호기심과 흥미가 자연스럽게 생길 수 있도록 돕습니다.

초등학교 때에는 수학을 꼭 남들보다 더 잘할 필요는 없습니다. 수학과 친해지고 수학에 대한 자신감을 가지는 것이 수학 문제를 잘 푸는 것보다 더 중요합니다. 학습 진도를 정규 과정보다 많이 앞서 나가지 않아도 됩니다. 호기심과 집중력을 가지고 공부하기만 하면 수학은 아주 재미있는 공부라는 것, 열심히 하면 나도 수학을 잘할 수 있다는 것을 느끼게 해 주면 됩니다. 수학에 흥미와 자신감이 있으면 때때로 너무 어려운 문제가 나오더라도 쉽게 포기하지 않고 문제를 스스로 해결하기 위해 부딪히고 애쓸 힘이 생깁니다.

그런 의미에서 〈수빠맨〉은 초등학생들을 위한 최고의 수학 학습서 중 하나라고 확신합니다. 아이 스스로, 또는 부모와 함께 〈수빠맨〉으로 재미있게 수학 공부를 하다 보면 저절로 수학과 친해질 것입니다.

송용진
(수학자, 인하대학교 명예 교수)

한국을 대표하는 위상수학자입니다. 서울대학교 수학과를 졸업하고 미국 오하이오주립대에서 박사학위를 받았습니다. 오랫동안 영재교육과 수학올림피아드에 대한 일을 해 왔으며 지금은 국제수학올림피아드 선출직 위원(IMO BOARD MEMBER)으로 활동하고 있습니다. 쓴 책으로 《수학은 우주로 흐른다》, 《영재의 법칙》, 《수학자가 들려주는 진짜 논리 이야기》 등이 있습니다.

규칙과 추론

수학 공부를 계속하면 논리적 추론력을 기를 수 있습니다.

참인지 거짓인지를 논리적으로 밝혀내는 것이지요.

이때 문장에서 주어진 단서를 잘 엮어서 옳은 것을 찾아야 해요.

문제 해결력을 높이기 위해서는 규칙을 찾은 후

그 규칙에 따라 답을 알아내야 합니다.

기준에 따라 분류하기, 규칙에 따라 수 배열하기,

퍼즐 게임, 무늬 규칙 찾기 등

다양한 방식으로 수나 모양의 규칙을 추론해 보세요.

13

유령의 집으로 초대합니다!

으스스한 수학 문제로 가득 찬 큰 저택이 있어요.
거기에 사는 괴짜로부터 여러분 앞으로 특별한 초대장이 왔어요.
이 초대를 수락하면, 으스스한 수학 저택을 탐험할 기회를 얻을 거예요.
수학 유령의 집을 탐험할 때 도움이 될 정보를 미리 알려 줄게요.

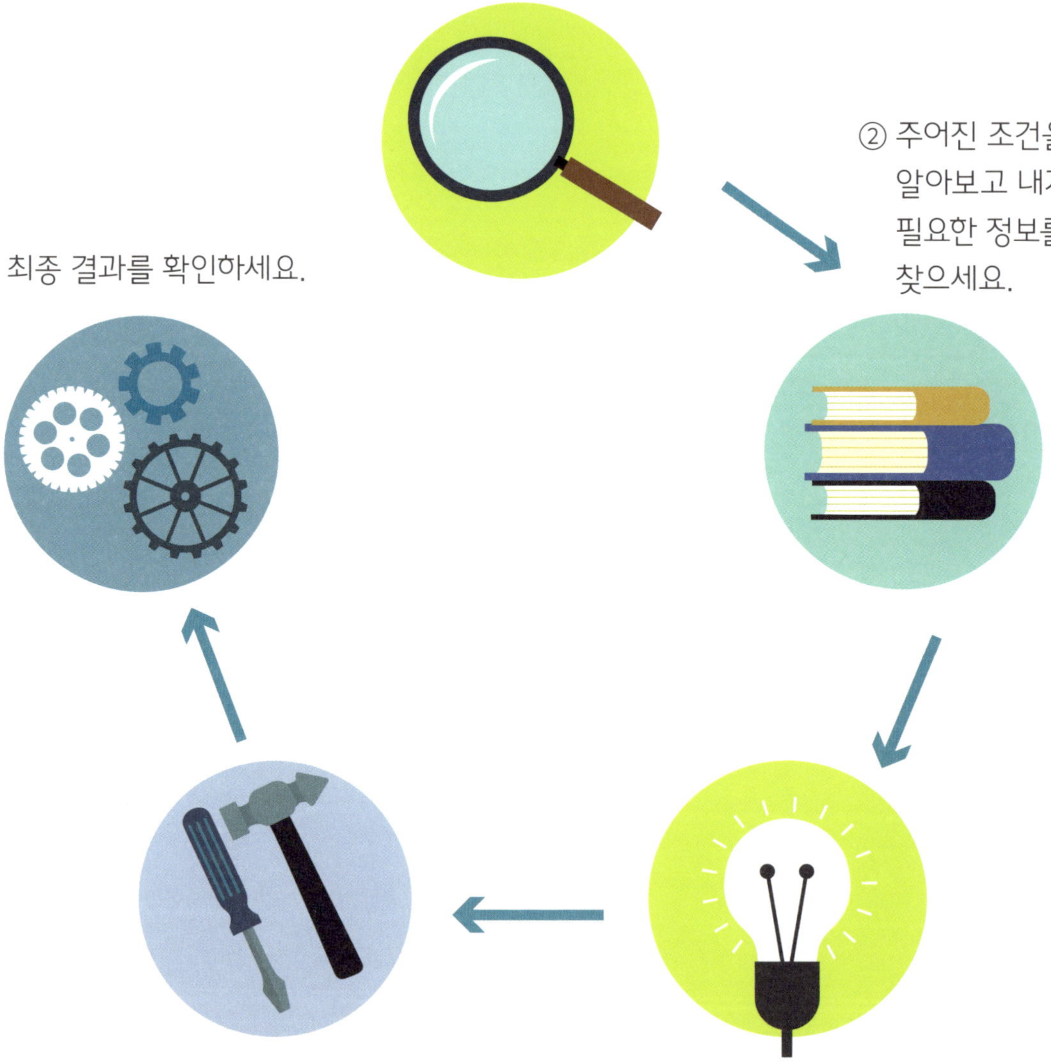

① 먼저 문제를 파악하고
뭘 구할지 알아보세요.

② 주어진 조건을
알아보고 내게
필요한 정보를
찾으세요.

⑤ 최종 결과를 확인하세요.

④ 문제를 단계적으로
해결해요.

③ 문제를 풀기 위한
계획을 세워요.

수학 유령의 집에서 과연 누구를 만나게 될까요?
그곳에는 기사의 영혼, 늑대 인간, 유령들이 살아요.
보기를 읽고 수수께끼를 풀어 보세요.

- 기사의 영혼은 항상 진실된 말만 합니다.
- 늑대 인간은 늘 거짓말만 합니다.
- 유령은 기분 내키는 대로 거짓말도 했다가 참말도 하는 장난꾸러기입니다.

"나는 거짓말쟁이야!"
누군가가 입구 뒤에서 소리쳤어요!
과연 기사의 영혼, 장난꾸러기 유령, 늑대 인간 중 누가 한 말일까요?
□ 안에 ○표시를 해 주세요.

문을 열어 봐!

저택 입구에 도착했어요! 저택 안으로 들어가기 위해서는
올바른 계산식이 적힌 돌만 밟아 길을 지나야 해요.
밟을 수 있는 돌에 ◯ 표시하세요.

25+7=33

12−8=4

13+8=20

유령들은 열쇠로 문 여는 법을 몰라요.
그냥 문을 통과하기 때문이죠.
하지만 여러분한테는 열쇠가 필요하겠죠!
이 중 어떤 열쇠가 저택의 정문을 여는 열쇠일까요?
자물쇠 구멍의 모양을 잘 보고 열쇠를 찾아, 오른쪽
○ 안에 V 표시하세요.

미로 찾기

무사히 문을 열고 들어왔지만, 여전히 저택은 멀리 있네요.
이 미로를 지나야 저택의 입구에 도착할 거예요.
유령은 어디로든 날아서 갈 수 있지만 우리는 걸어서 가야만 해요.
미로 안에서 길을 잃지 않도록 조심하세요! 저택까지 가는 길은 단 하나뿐이랍니다.

수를 세어 봐!

드디어 저택에 도착했는데 입구에 오싹한 괴물들이 있어요.
기사의 영혼과 장난꾸러기 유령, 늑대 인간까지!
괴물들의 수를 세어 빈칸에 써넣으세요.

보물 찾기

꼬마 유령이 저택에 숨겨진 진기한 보물을 보여 주네요.
보물 상자에 적힌 설명을 잘 읽어 보세요.
진짜로 황금이 들어 있는 보물 상자를 찾아서 〇를 하세요.

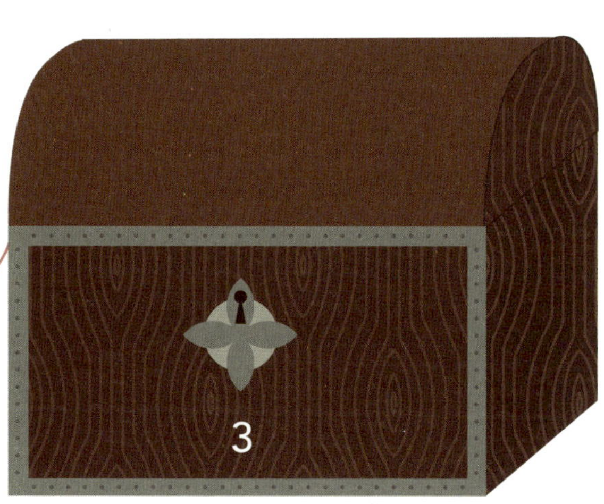

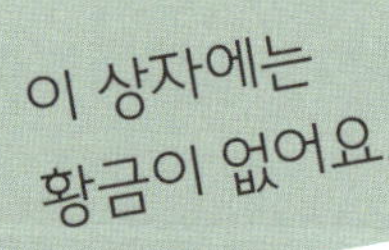

암호를 풀어야 보물 상자를 열 수 있어요.
숫자에 맞는 글자를 빈칸에 써넣어 보세요.
그러면 암호를 알 수 있어요.

아	수	나	너	학	정	이	는	무	종
1	2	3	4	5	6	7	8	9	10

___ ___   ___ ___ ___   ___ ___   ___ ___
 3   8   2   5   7   4   9   10   1

사실 그 보물의 주인은 다음 세 유령 중에 있습니다.
힌트를 읽고 보물의 주인이 누구인지 찾아보세요.

힌트

나는 보자기 유령입니다.
나는 주스 얼룩이 있습니다.
나는 항상 행복한 표정입니다.

1   2   3

과일과 쿠키는 몇 개?

저택의 요리사가 과일들을 똑같이 나눠서 바구니에 담으려고 합니다.
책 뒤에 있는 과일 스티커를 붙여서, 한 바구니에 과일을 몇 개씩 담아야 하는지 알아보세요.

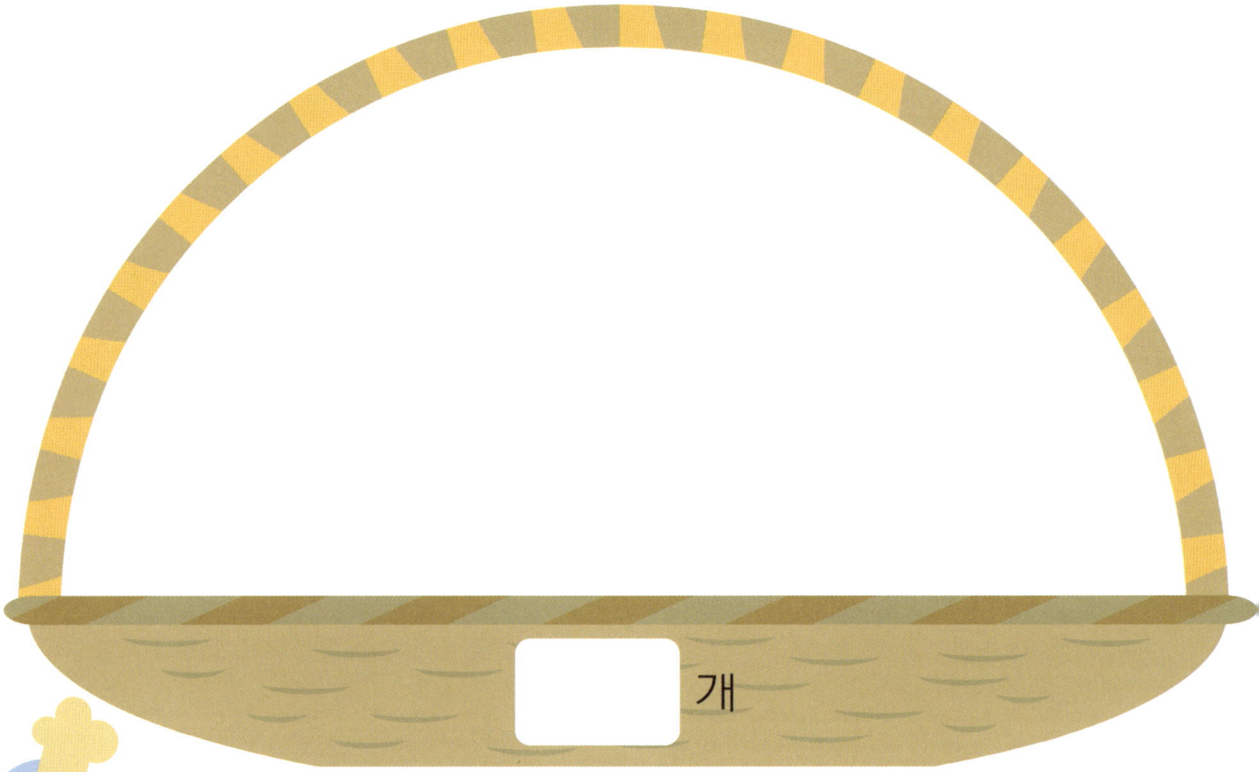

개

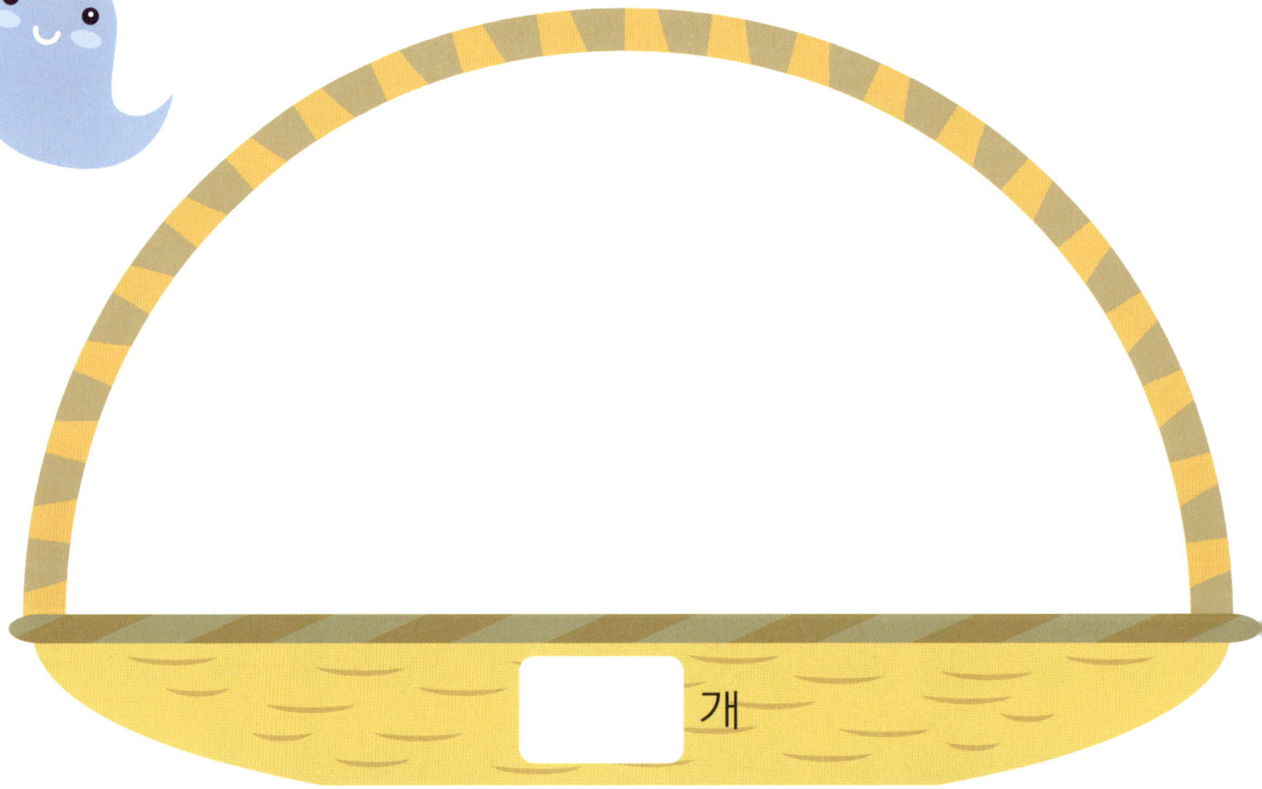

개

돼지 귀지로 만든 쿠키의 수는
20 - 2 - 5 - 1 = _______ (개)

달팽이 끈끈이로 만든 쿠키의 수는
10 + 3 + 2 + 5 = _______ (개)

늑대의 코딱지로 만든 쿠키의 수는
3 × 2 × 5 = _______ (개)

유령 요리사가 만든 쿠키는 모두 몇 개인가요?
_______ + _______ + _______ = _______ (개)

바닥의 넓이

요리사가 일하는 부엌 바닥에는 커다란 타일이 있어요.
타일 무늬의 넓이를 알아보아요.

(1) 이 무늬는 한 변의 길이가 1m인 정사각형
타일 4개로 만들어졌어요.
파란색 부분의 넓이는 몇 m²일까요?

① 1m²
② 2m²
③ 3m²
④ 4m²

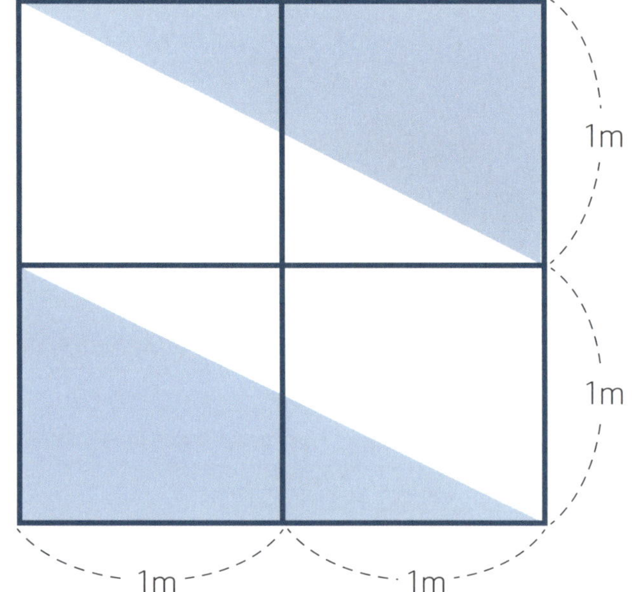

(2) 이 무늬는 한 변이 2m인 정사각형 타일 4개로 만들어졌어요.
초록색 부분의 넓이는 몇 m² 일까요?

① 4m²
② 6m²
③ 8m²
④ 16m²

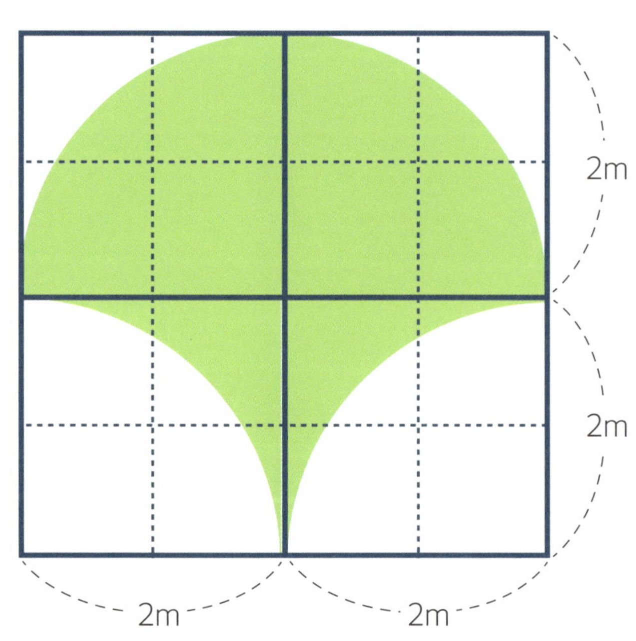

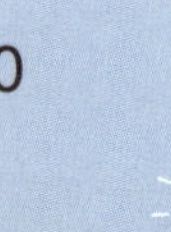

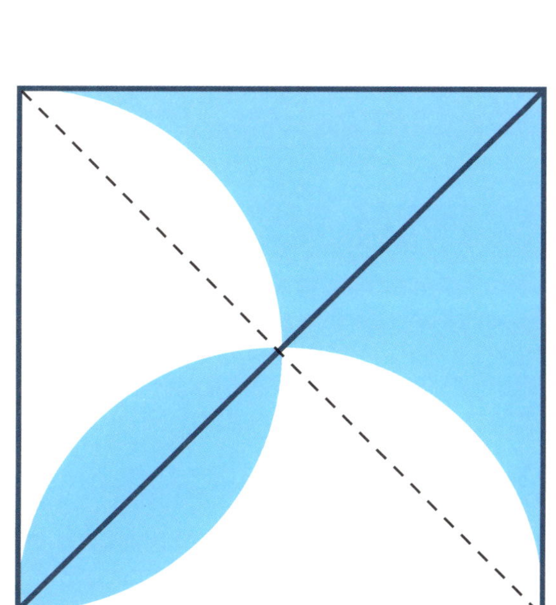

(3) 왼쪽 무늬에서 파란색 부분과 흰색 부분 중 어느 쪽이 더 넓을까요?

① 파란색 부분
② 흰색 부분
③ 둘 다 똑같아요.

(4) 오른쪽 무늬에서는 노란색 부분과 흰색 부분 중 어느 쪽이 더 넓을까요?

① 노란색 부분
② 흰색 부분
③ 둘 다 똑같아요.

지하실 문

지하실로 내려가면 오래된 문 두 개를 볼 수 있어요.
하나는 새로운 방으로 가는 문이고, 다른 하나는 무시무시한 지하 감옥으로 가는 문이에요.
그 문 위에는 각각 까마귀가 앉아서 질문에 대답해 줘요.
그중 한 까마귀는 항상 진실만 말하고, 다른 까마귀는 항상 거짓말만 합니다.
하지만 어느 까마귀가 거짓말을 하는지는 알 수 없고, 한 까마귀에게 딱 한 번 질문할 수 있지요.
어떤 질문을 해야 새로운 방으로 가는 문을 알려 줄까요?

질문 ____

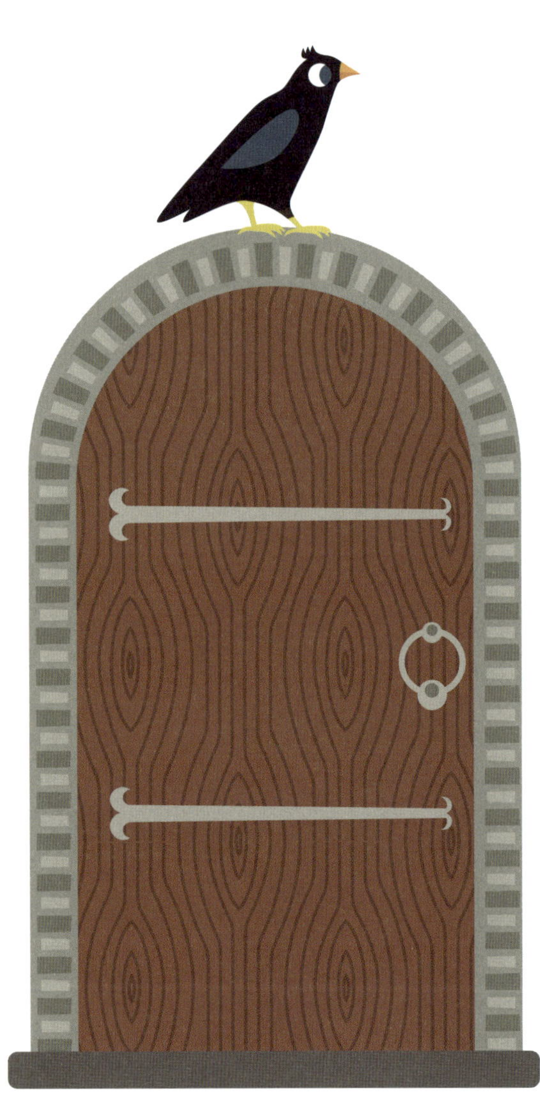

새로운 방으로 들어왔어요!
여기에는 네 가지 다른 색깔의 박쥐 16마리를 키우는 유령이 있어요.
그런데 몇몇 박쥐가 어디론가 달아나 버렸다며 유령이 울상이에요.
박쥐를 찾아서 제자리에 놓아야겠어요.
가로줄과 세로줄에는 각각 서로 다른 색의 박쥐가 놓여야 합니다.
책 뒤의 스티커를 이용하여 붙여 보세요.

성냥개비 퍼즐

깜깜한 유령 저택에서 어둠을 밝히려면 성냥개비가 있어야 해요.
하지만 오늘은 불을 밝히는 대신 이 성냥개비를 가지고 놀 거예요.
유령들은 성냥개비 놀이를 더 좋아하거든요.
아래처럼 성냥개비 한 개만 움직여서 올바른 계산식을 만들어 보세요.

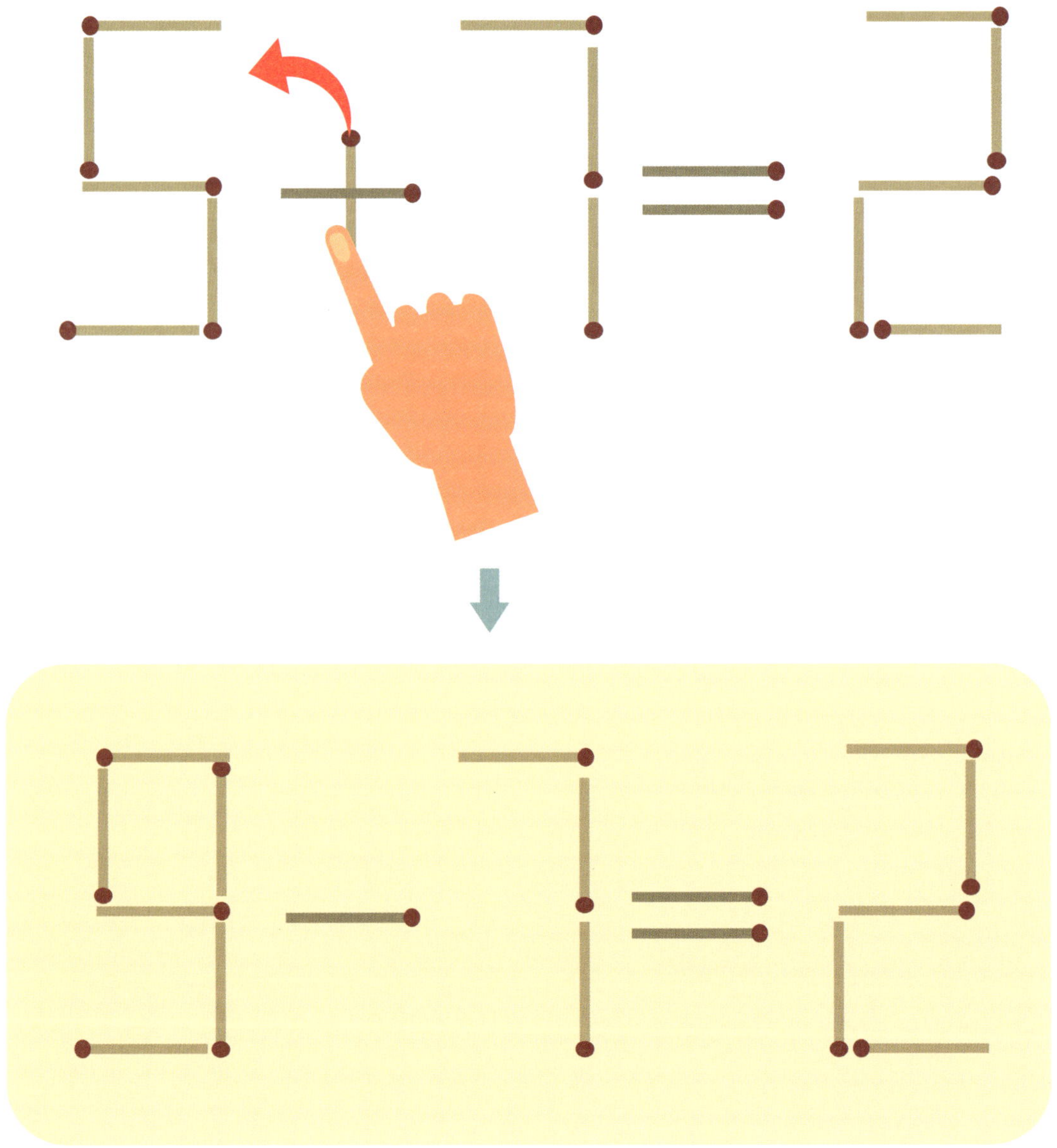

논리적으로 생각하기

누가 저택에 살던 사람들의 초상화를 죄다 날려 버렸어요.
이건 분명 장난꾸러기 유령의 짓이 분명해요.
아래 단서를 읽고 책 뒤에서 초상화를 찾아서 제자리에 붙여 주세요.

단서

· 씨나락 경은 콧수염이 있어요.
· 기이신 경은 콧수염이 있지만, 쓰고 있는 모자는 없어요.
· 오싹 경은 모자를 쓰고 있어요.

오싹 경

기이신 경

씨나락 경

5명의 기사의 영혼이 유령 승마 대회를 했습니다. 누가 이겼을까요?
아래 단서를 보고, 기사님들의 순위를 확인해 순서대로 시상대에 알맞은 스티커를 붙여 주세요.

단서

- 몬스 경은 랑셀 경보다 앞서서 들어왔습니다.
- 도착 시각이 가장 적게 차이가 나는 두 기사는 몬스 경과 아클렛 경입니다.
- 도착 시각이 가장 많이 차이가 나는 두 기사는 아클렛 경과 데이브 경입니다.
- 레이 경은 3위이거나 꼴찌입니다.

비밀번호의 규칙은?

이 저택에서 가장 비밀스러운 방에 왔어요. 이 방은 조그마한 문, 거대한 문, 나무문, 철문, 수정문 등 여러 문들로 가득합니다. 이 문에는 모두 특별한 자물쇠가 달려 있어요. 이 자물쇠의 비밀번호를 찾아내면 문을 열 수 있을 거예요. 수 배열의 규칙을 찾아서 이 방의 문들을 모두 열어 볼까요?

5, 7, 9, 11, ___

13, 18, 23, 28, ___

55, 45, 35, 25, ___

규칙을 찾아봐!
2, 4, 8, 16, ___
11, 22, 33, 44, 55, 66, ___
6, 3, 10, 5, 14, 7, 18, ___
20, 22, 24, 26, 28, 30, 32, ___

깃발을 찾아라!

기사의 영혼들은 각자를 상징하는 깃발이 있답니다.
초상화를 모아 둔 화랑처럼, 깃발을 모아 둔 깃발 전시실도 있지요.
그런데 늑대 인간이 그 깃발 전시실에서 소란을 피운 모양이에요.
기사님들이 깃발을 정리하는 걸 도와줘요.

(1) 여기 있는 깃발들은 비슷한 모양끼리 둘씩 짝지어지는데, 짝지을 수 없
는 깃발이 하나 있어요. 그 깃발에 X 표시를 해 주세요.

(2) 맨 마지막에 올 깃발에는 어떤 도형이 그려져 있나요? 변의 개수에
집중하면 답이 보일 겁니다. 알맞은 스티커를 찾아 붙여 주세요.

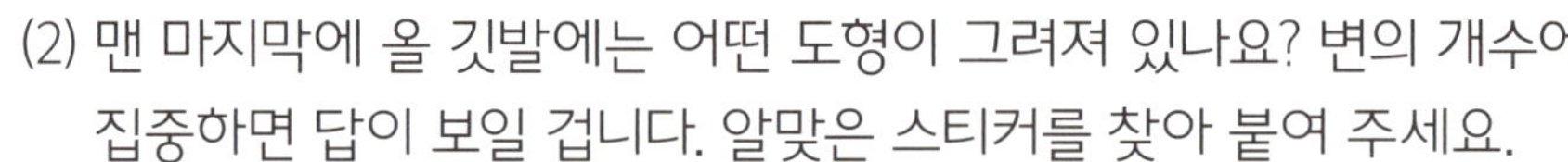
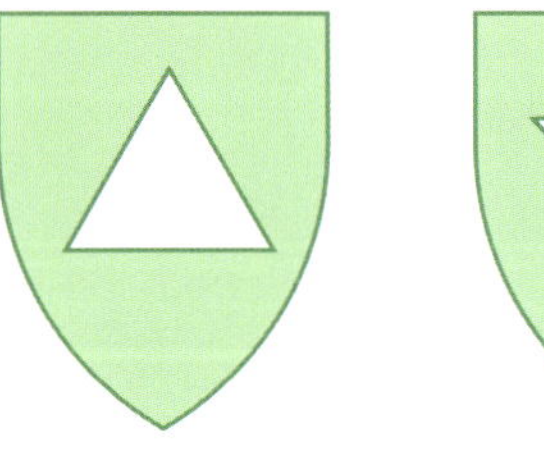

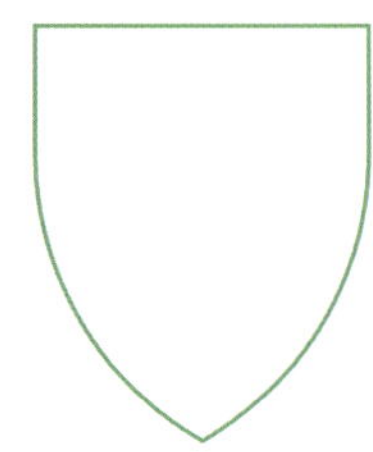

(3) 첫 번째와 두 번째 깃발에서 규칙을 찾았나요?
깃발을 반 바퀴 돌리면 규칙이 보여요.
마지막에 알맞은 스티커를 찾아 붙여 주세요.

   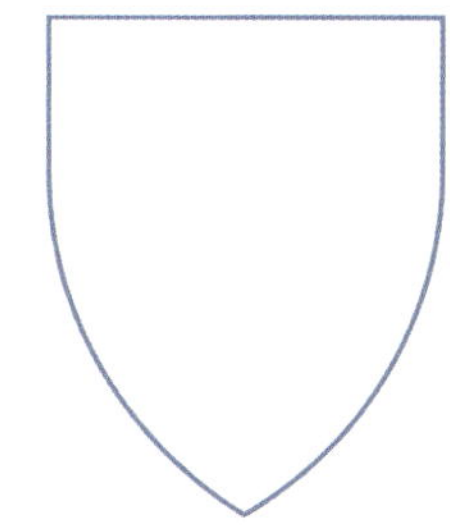

(4) 그림이 어떻게 변하고 있나요?
규칙을 찾아 마지막에 올 깃발 스티커를 붙여 주세요.

(5) 순서가 뒤죽박죽 섞여 있는 깃발은 원래 어떤 순서대로 있었을까요?
그려진 원의 개수가 작은 것부터 차례대로 깃발에 번호를 써 보세요.

   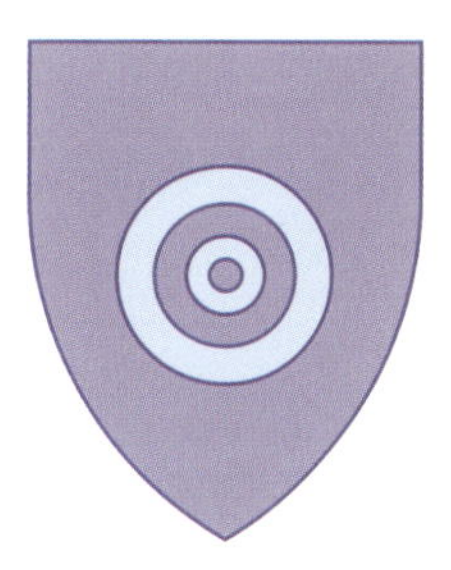

_____　　_____　　_____　　_____

      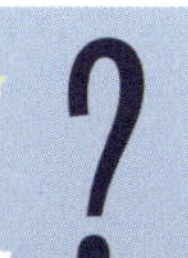

  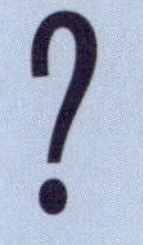

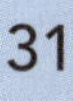

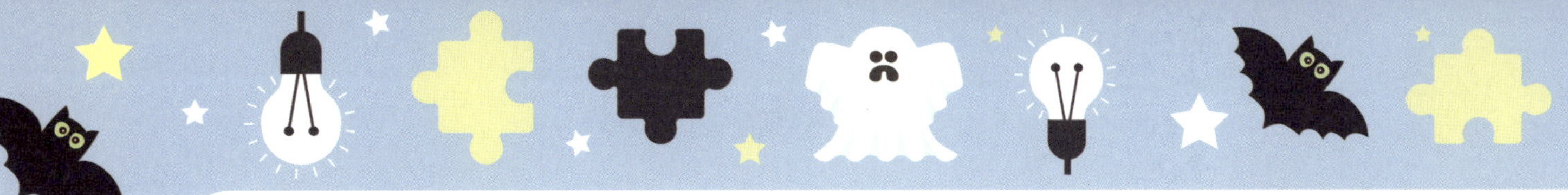

폴로 경기

스티커는 본문 뒤에 있어요.

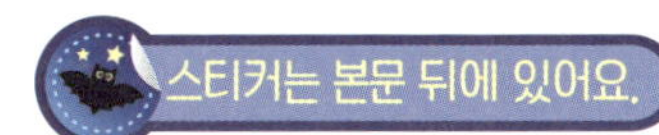

기사와 유령들이 *폴로(POLO) 경기를 하고 있어요.
말의 다리를 포함해서 이 연습장 안에 있는 다리는 모두 몇 개인가요?

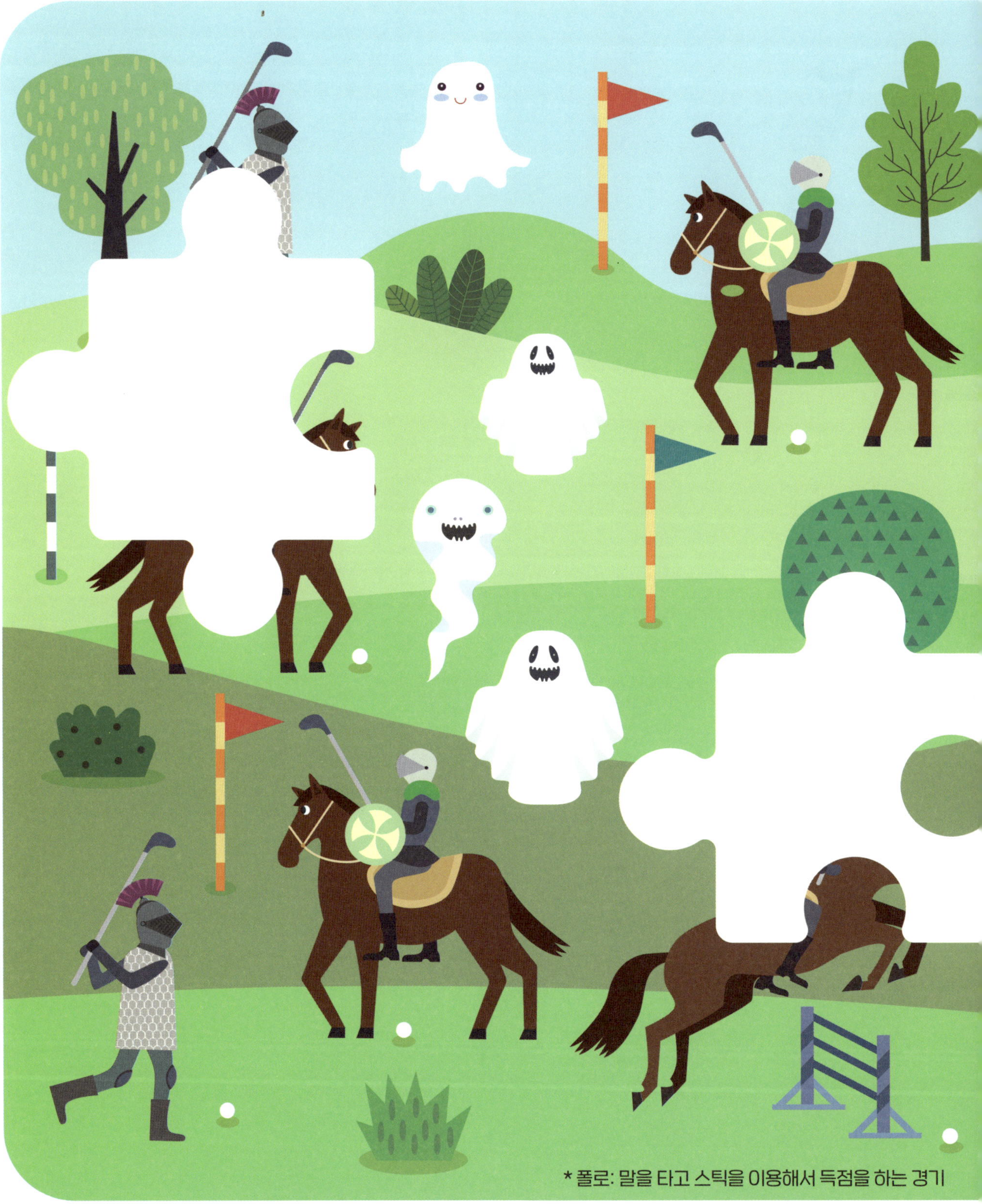

* 폴로: 말을 타고 스틱을 이용해서 득점을 하는 경기

먼저 계산식으로 구해 보세요. 그다음 책 뒤의 스티커로
그림을 완성하고 직접 세어 확인해 보세요.

__________ 개

자리 찾기

정원에서 여는 작은 모임에 입장하기 위해 차례대로 줄을 서야 해요.
그런데 다들 어디에 서야 하는지 모르나 봐요.
아래 단서를 읽고 자리를 찾아 스티커를 붙여 주세요.

단서

· 유령 에비와 유령 깨꼬닥 사이에 자리가 하나 있습니다.
· 몬스 경과 아클렛 경 사이에는 자리가 2개 있습니다.
· 몬스 경과 유령 에비 사이는 비어 있습니다.
· 몬스 경의 자리는 아클렛 경 자리의 왼쪽에 있습니다.

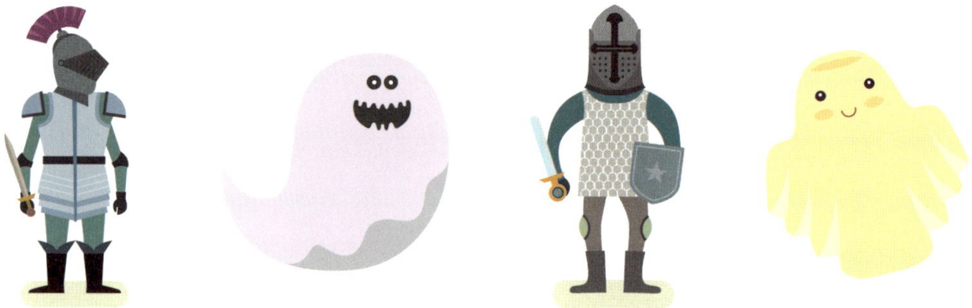

몬스 경　　　유령 에비　　　아클렛 경　　　유령 깨꼬닥

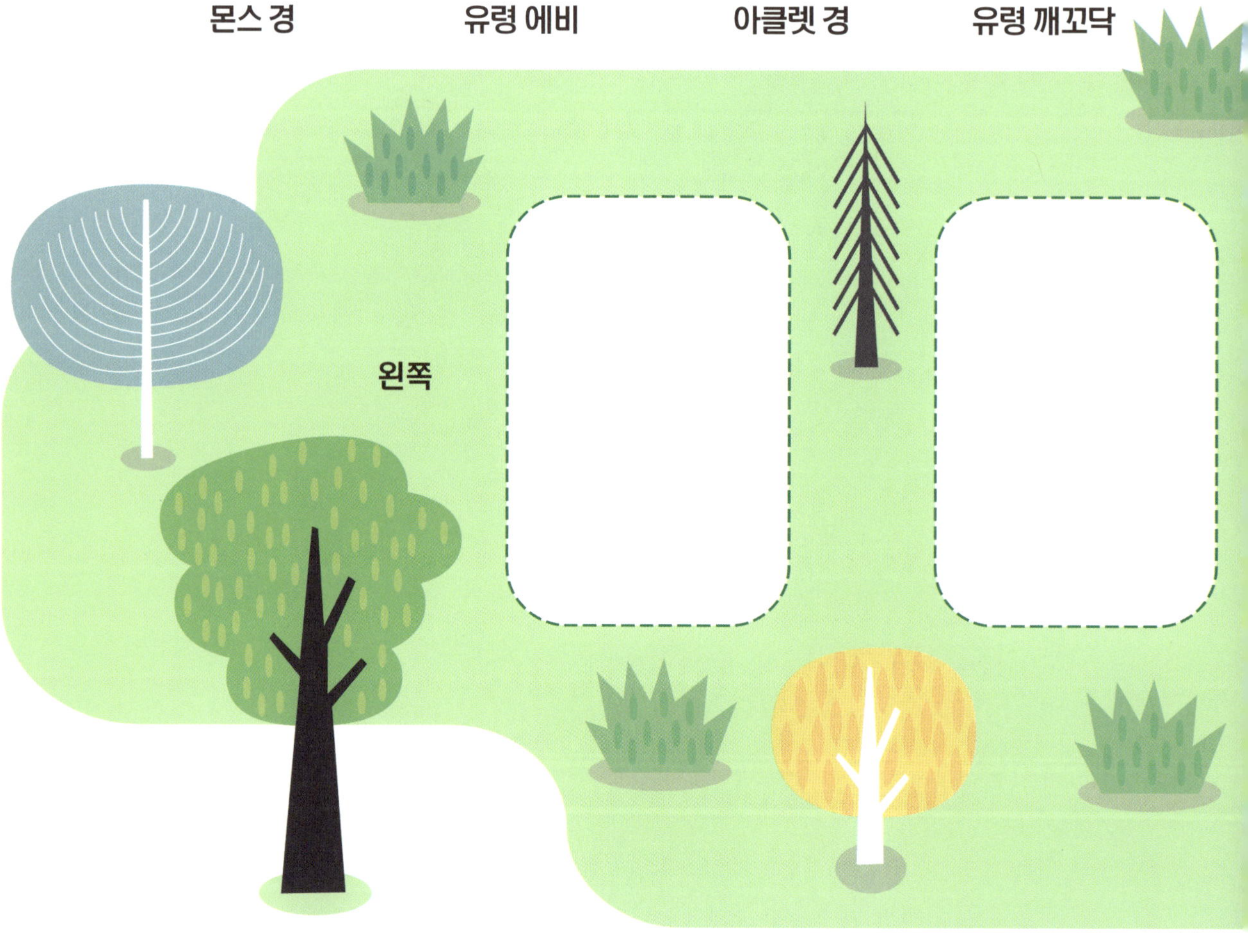

왼쪽

조금 헷갈린다고요? 그럼, 스티커를 붙이기 전에 아래에서 미리 연습해 보세요.
단서를 하나씩 읽고 그림으로 나타내면 좀 더 쉽게 알 수 있어요.

자물쇠의 비밀번호

쌍둥이 유령 으시시와 오소소는 수백 년 동안, 이 쇠사슬에 묶여 있었대요.
이 자물쇠만 열 수 있다면 자유의 유령이 될 텐데… 쌍둥이 유령이 자물쇠를 열 수 있도록
아래 단서를 활용하여 비밀번호를 찾아 빈칸에 써 주세요. 비밀번호는 세 자리 수입니다.

으시시의 자물쇠 번호

3 6 8
세 수 중에 1개의 숫자가 맞고 자리도 맞습니다.

2 7 6
세 수 중에 1개의 숫자가 맞지만 자리가 틀립니다.

4 7 1
세 수 중에 2개의 숫자가 맞지만 둘 다 자리가 틀립니다.

3 8 7
아무것도 일치하지 않습니다.

오소소의 자물쇠 번호

6 8 2
세 수 중에 1개의 숫자가 맞고 자리도 맞습니다.

2 5 6
세 수 중에 2개의 숫자가 맞지만 둘 다 자리가 틀립니다.

6 1 4
세 수 중에 1개의 숫자가 맞지만 자리가 틀립니다.

7 8 5
세 수 중에 1개의 숫자가 맞지만 자리가 틀립니다.

7 3 8
아무것도 일치하지 않습니다.

길을 따라 가 보자!

보자기 유령들이 기사들에게 장난을 치다가 서로의 장난에 휘말려 멀리 날아가 버렸대요.
그리고 보자기도 더러워졌다는군요. 깨끗한 보자기가 들어 있는 보물 상자를 찾은 유령은
누구일까요? 유령마다 보물 상자로 가는 길을 그려 보세요.

꼬마 유령들이 기사들한테 장난을 쳤어요. 가장 아끼는 것을 잃어버렸나 봐요.
길을 따라 그려서 기사마다 가장 아끼는 것을 찾아 주세요.

다트 게임

유령들이 새로운 다트 게임을 만들었어요. 바로 '숫자 맞히기 다트'예요.
늑대 인간이 다트를 세 번 던져서 얻은 점수의 합이 유령이 말한 숫자와
같으면 이기는 게임이랍니다.
그런데 늑대 인간이 그렇게 다트를 잘한다네요.
당연히 늑대 인간이 모두 이겼지요.
늑대 인간이 던진 다트는 어디에 꽂혔을까요?
책 뒤의 다트 스티커를 올바른 자리에 붙여 주세요.

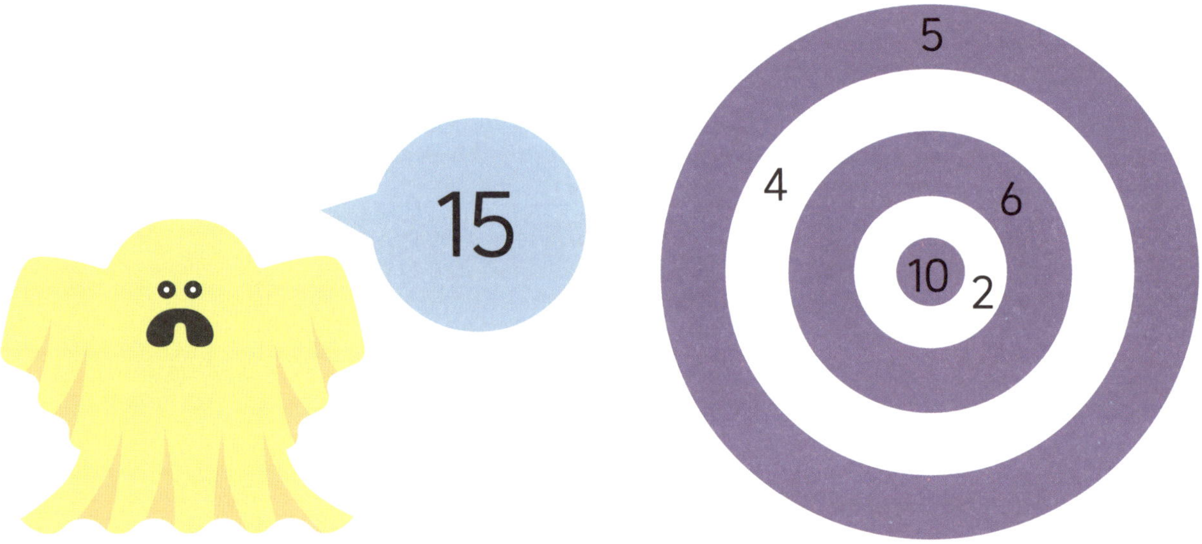

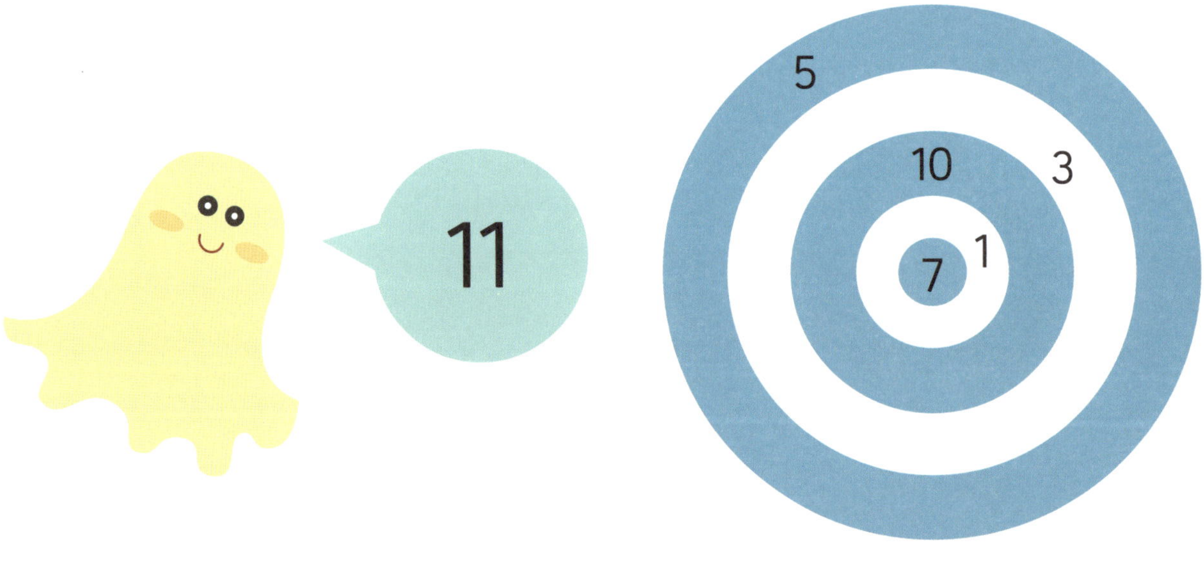

18
9
10
2
4
6
25
13
11
1
8
2
33
12
8
17
4
3
41

합이 8이 되는 수

유령들처럼 죽지 않고 영원히 삶을 살게 된다면 시간을 잘 보낼 방법을 찾아야 합니다.
그래서 유령들은 여러 가지 놀이를 하곤 하지요.
그중에서도 '저택 창문에 숫자 채우기' 놀이를 가장 재미있어 합니다.
여러 가지 수들을 상상하면서 세로줄에 적힌 세 수의 합이 8이 되게 하는 거죠.
주의할 점은, 정답이 하나가 아니라는 겁니다. 여러분들만의 수로 답을 찾아보세요.

발자국을 따라서

여러분은 많은 발자국이 있는 긴 복도에 서 있어요.
각각의 발자국에는 규칙에 알맞은 숫자가 적혀 있어야 해요.

지시에 따라 발자국을 따라가면 됩니다.
앞에 있는 수는 바로 뒤에 있는 수보다 1만큼 더 커야 해요.

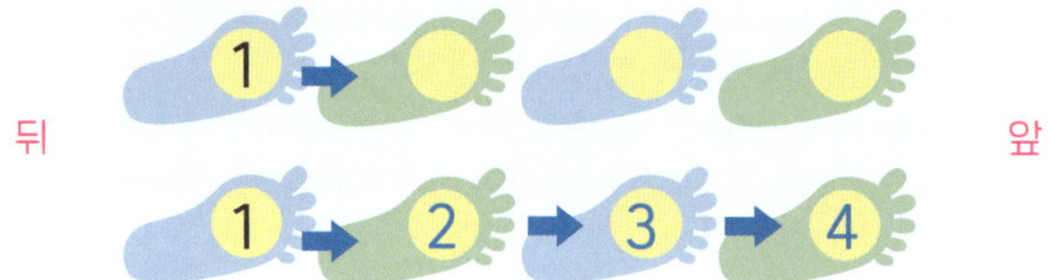

그러면 자연스럽게, 뒤에 있는 수는 바로 앞에 있는 수보다 1만큼 작겠지요?

그럼, 이제 이 규칙에 따라서 빈 발자국에 수를 써넣어 보세요.

(1)

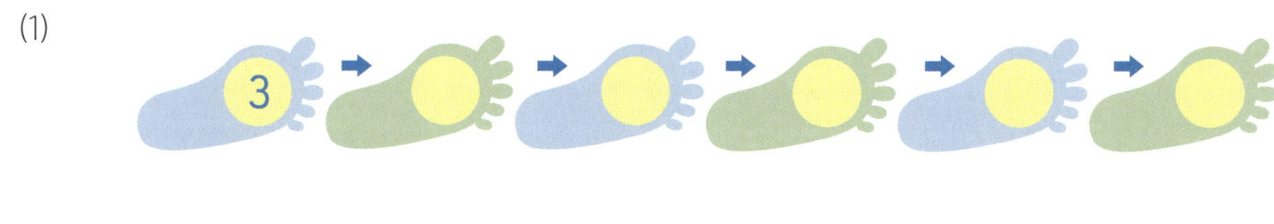

(2)

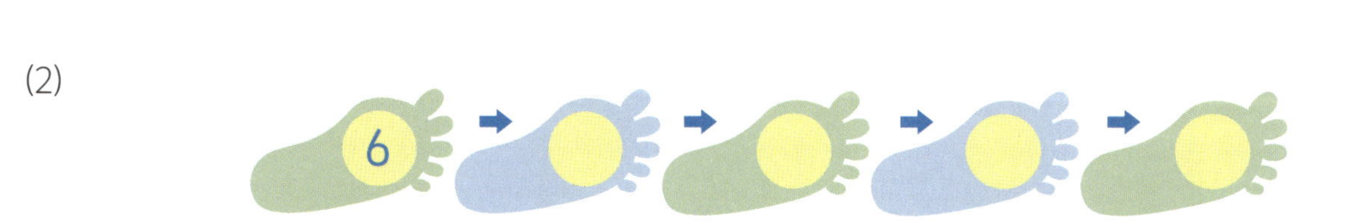

(3)

(4)

(5)

(6)

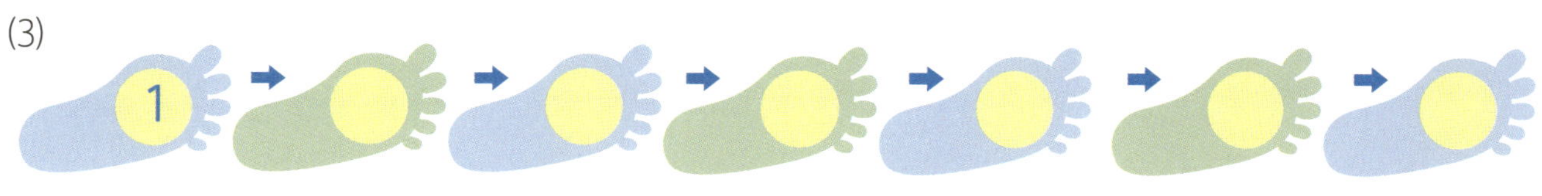

무사히 발자국을 따라 복도를 지났군요. 여기 늑대 인간이 선물을 포장했네요.
어떤 선물일까요? 포장된 모양을 보면 뭔지 알아낼 수 있을 거예요.
책 뒤의 스티커에서 알맞은 선물을 찾아서 붙여 보세요.

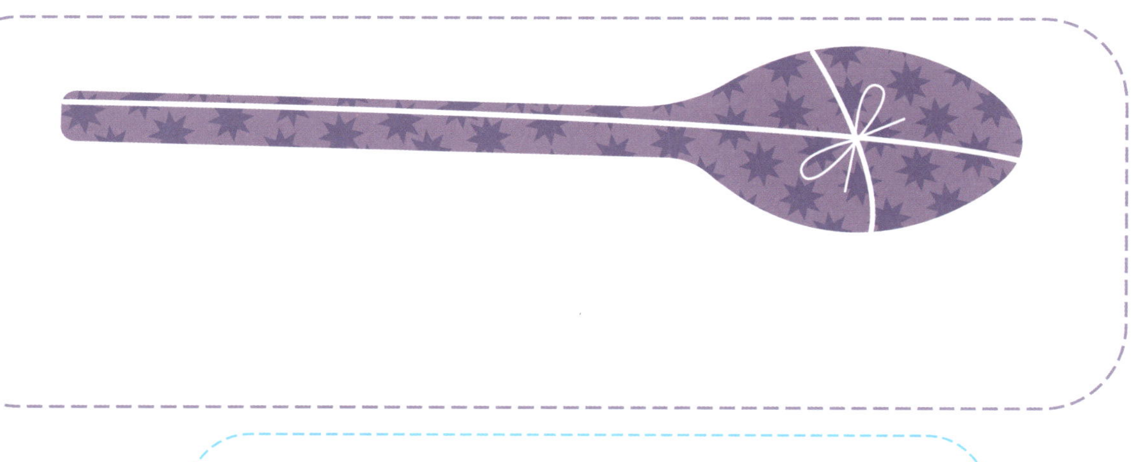

비밀의 문을 열어라!

복도 끝에 있는 테이블 위에는
나뭇가지 모양의 촛불이 있습니다.
이 촛불을 옮겨서 저택을 밝히려는 순간
갑자기 바닥에 5개의 비밀의 문이 나타나더니
덜컥 번호 자물쇠에 잠겨 버렸어요.

이 문을 열기 위해서는 빈칸에 1부터 9까지의 수를 순서대로 써넣어야 해요.
수를 써넣는 방향은 가로든 세로든 어느 방향으로도 상관없습니다.
하지만 대각선 방향으로는 갈 수 없어요!
보기처럼 1부터 9까지 순서대로 이어지게 써 보세요.

보기

으흐흐...
이건 좀
어려울걸!

빙고 게임

유령들이 게임 방에서 빙고 게임을 하고 있습니다.
우리도 같이 해 봐요.
먼저 X와 ○ 중에 본인의 표식을 정하고, 차례로 빙고 판을
채워요. 가로, 세로, 대각선 중 어느 한 줄이라도 먼저 자기가
정한 표식으로 채우는 사람이 이깁니다.

다음은 이기거나 무승부가 되는 방법입니다. 책 뒤의 오리기 활동으로 직접 해 보면서 결과를
확인해 보세요.

(1)

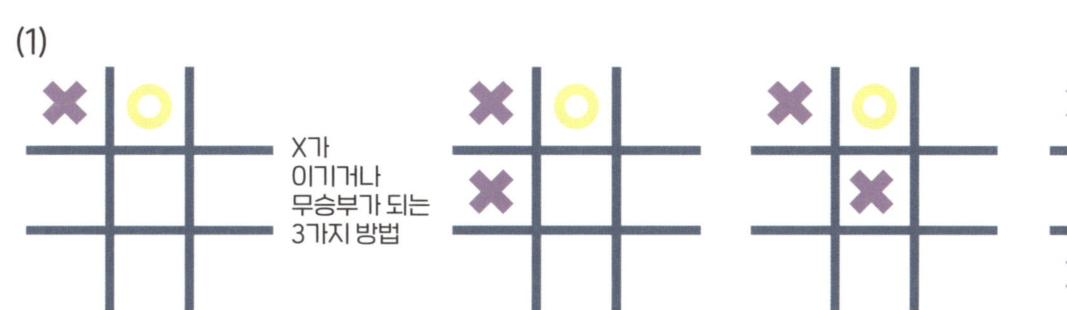

X가
이기거나
무승부가 되는
3가지 방법

(2)

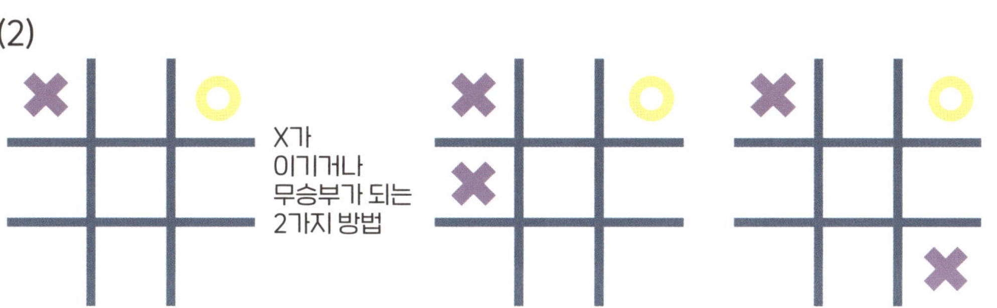

X가
이기거나
무승부가 되는
2가지 방법

(3)

이 경우는
무조건
무승부야!

(4)

X가
이기거나
무승부가 되는
3가지 방법

(5)

이 경우도
무조건
무승부야!

7칸 게임

여기까지 잘 왔어요.
이제 마지막으로 친절한 유령과 '7칸 게임'을 벌일 거예요.
규칙을 읽고 마지막 게임을 잘 풀어 보세요.

규칙 1

1부터 7까지의 수를 모두 써야 합니다.

규칙 2

선으로 이어진 두 칸에는 차가 1인 수를 쓸 수 없습니다.
예를 들어 2와 이어진 네 칸에는 1이나 3을 쓸 수 없습니다.

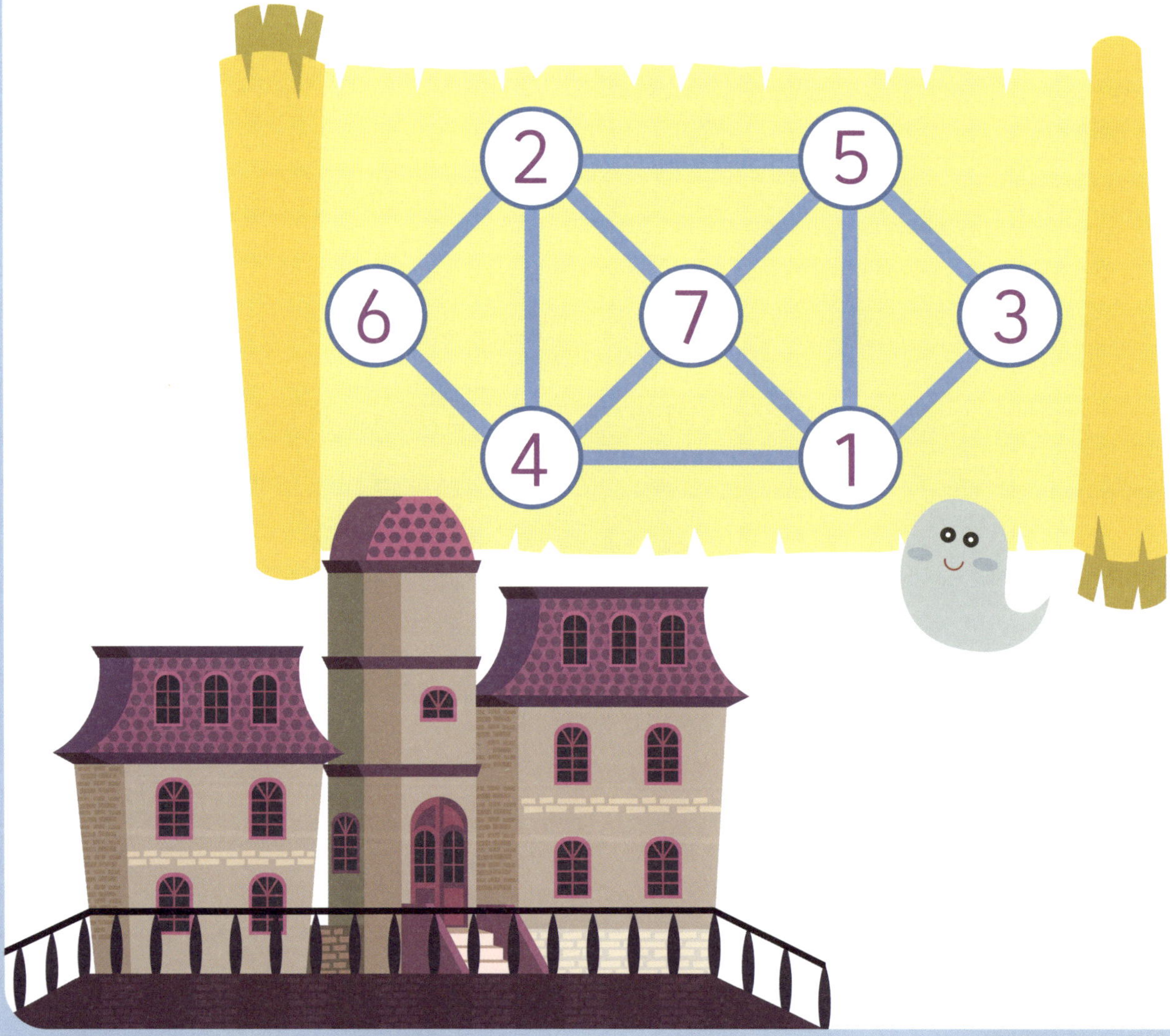

'7칸 게임'은 정답이 여러 개 있는 재미있는 게임입니다.
그래서 더 흥미진진하지요. 여러분이 알아낸 답을 잊지 말고 꼭 유령에게 말해 주세요.

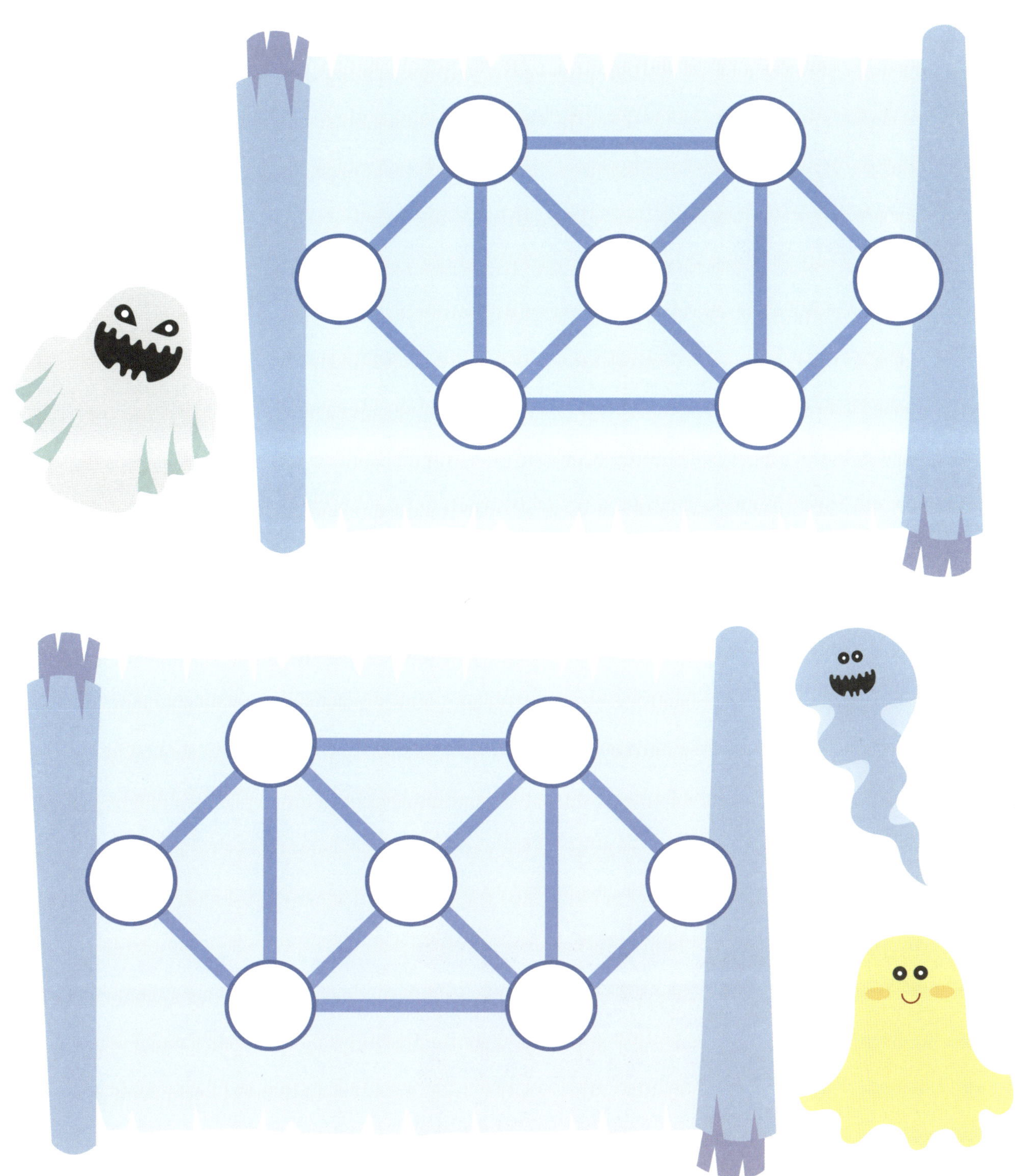

덧셈표와 곱셈표를 보고 규칙을 찾아 ☐ 안에 알맞은 수를 써넣으세요.

1.

+	2	3	4	5
1	3	4	5	6
3	5	6	7	8
5	7	8	9	10
7	9	10	11	12

(1) ↘ 방향으로 갈수록 ☐ 씩 커집니다.

(2) → 방향으로 갈수록 ☐ 씩 커집니다.

(3) ↓ 방향으로 갈수록 ☐ 씩 커집니다.

2.

×	2	3	4	5
1	2	3	4	5
3	6	9	12	15
5	10	15	20	25
7	14	21	28	35

(1) → 방향으로 갈수록 ☐ 씩 커집니다.

(2) ↓ 방향으로 갈수록 ☐ 씩 커집니다.

(3) ↓ 방향으로 갈수록 ☐ 씩 커집니다.

3. 어느 영화관의 자리 배열표입니다. 준오의 자리가 마열 넷째 번이라면 준오가 앉을 의자의 번호를 구해 보세요.

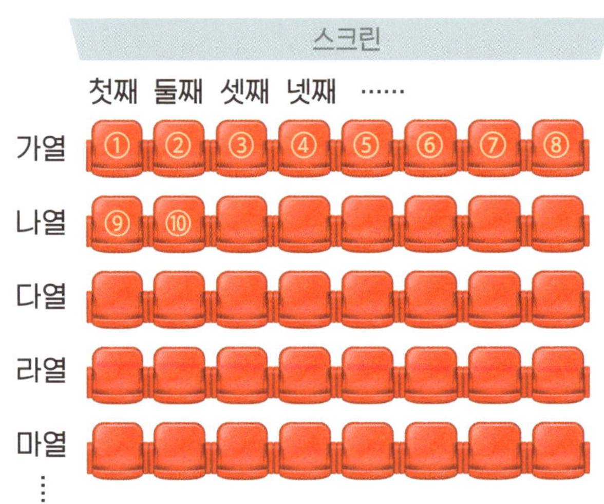

____

4. 그림과 같이 삼각형 모양으로 탁구공을 늘어놓을 때, 여섯째 모양에는 탁구공이 몇 개 놓이는지 구해 보세요.

____

5. 규칙에 따라 쌓기나무를 쌓을 때 일곱째에 필요한 쌓기나무의 수를 구해 보세요.

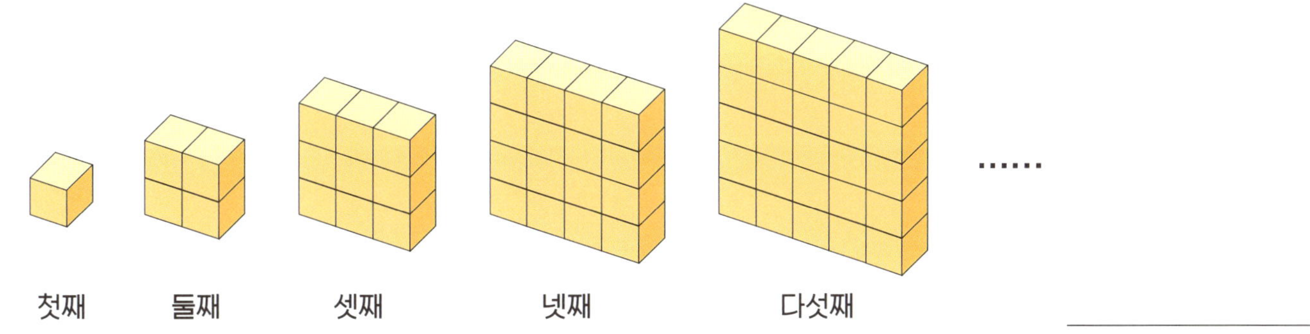

____

6. 다음 그림은 크기가 같은 정사각형 모양의 카드 7장을 포개어 놓은 것입니다. 카드 G가 가장 위에 놓여 있을 때, 카드가 놓인 순서를 위에서부터 차례대로 써 보세요.

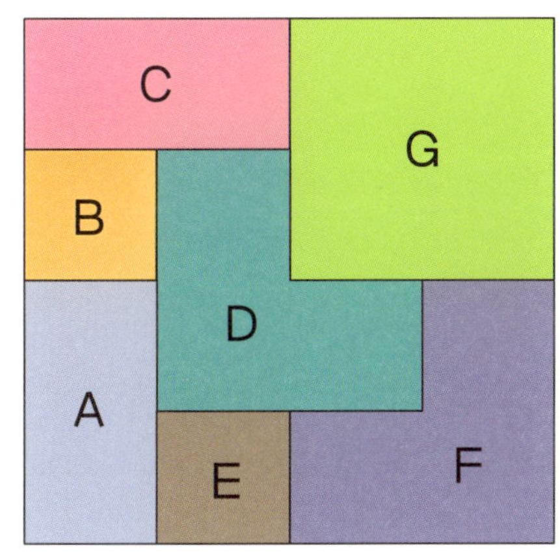

____

연산력 쑥쑥
더 풀어 보기

규칙에 따라 다섯째에 알맞은 모양을 그려 보세요.

7.

첫째	둘째	셋째	넷째	다섯째

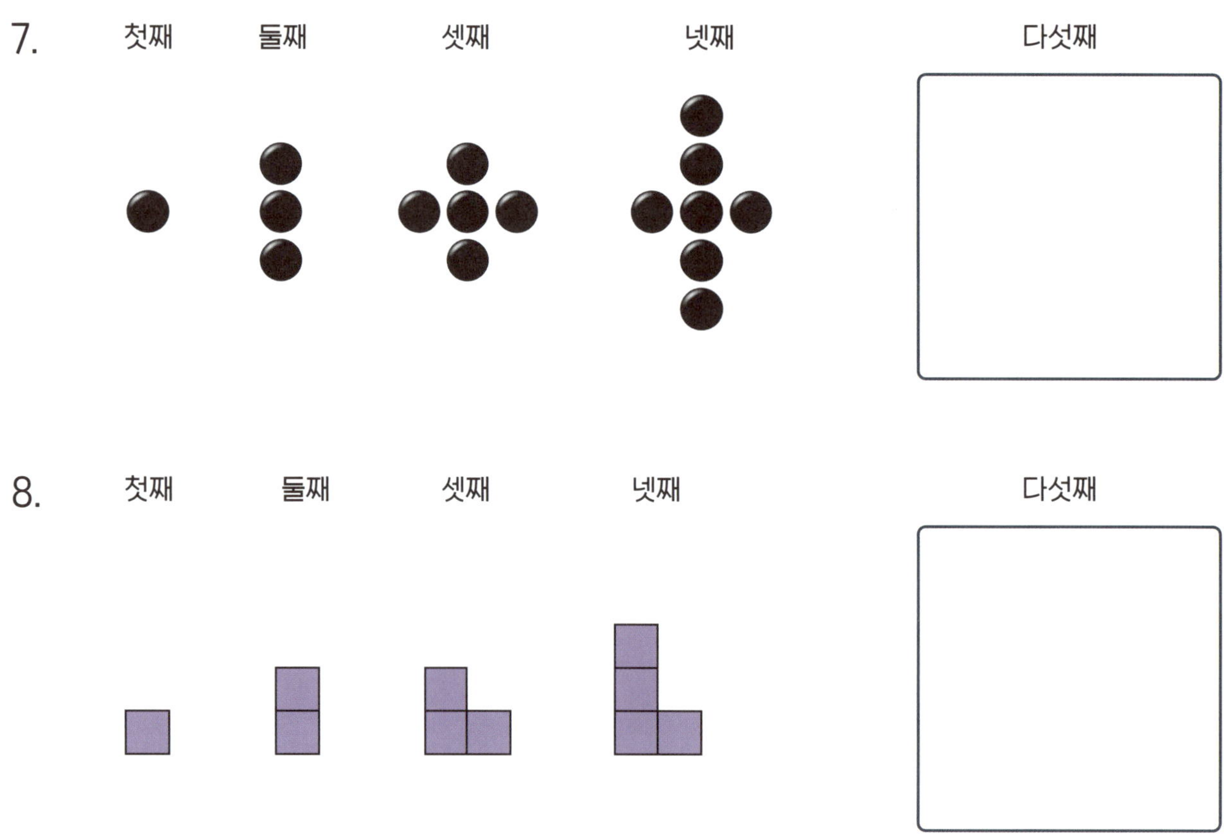

8.

첫째	둘째	셋째	넷째	다섯째

9. 그림과 같이 1개의 직선으로 원을 2조각으로 나눌 수 있고, 2개의 직선으로 원을 최대 4조각으로 나눌 수 있습니다. 3개의 직선으로 원을 여러 조각으로 나눌 때, 최대한 몇 조각으로 나눌 수 있나요?

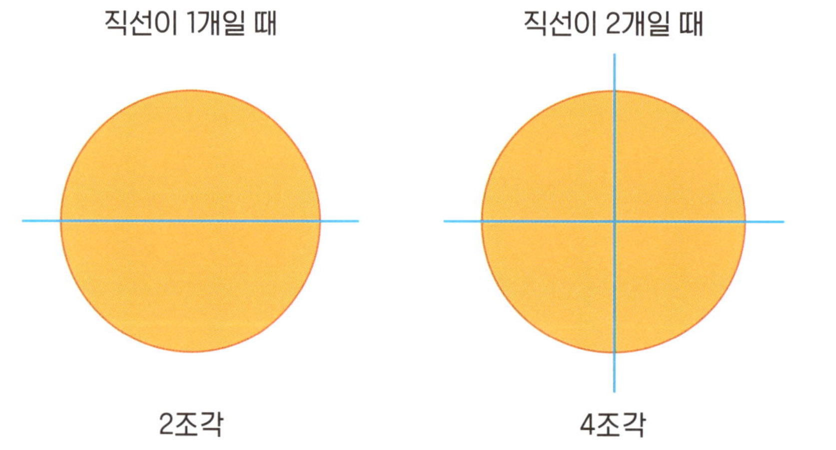

10. ㉮, ㉯, ㉰, ㉱, ㉲ 5명이 달리기를 하는데 달리는 순서가 다음과 같습니다. 달리기가 빠른 순서대로 구하려고 합니다. ☐ 안에 알맞은 기호를 써넣으세요.

> • ㉲는 ㉯, ㉱보다 빠릅니다.
> • ㉮는 ㉯보다 빠르지만 ㉱보다는 느립니다.
> • ㉰는 ㉲보다 빠릅니다.

(1) ㉲는 ㉯, ㉱보다 빠릅니다. ➡ ☐ > ㉯, ㉱

(2) ㉮는 ㉯보다 빠르지만 ㉱보다는 느립니다. ➡ ☐ > ㉮ > ☐

(3) ㉰는 ㉲보다 빠릅니다. ➡ ㉰ > ☐

(4) 달리기가 빠른 순서대로 써 보면 ☐ 입니다.

11. 성냥개비 9개로 만든 큰 정삼각형 안에 성냥개비 2개를 더 놓아 ㉮, ㉯ 두 부분으로 나누었습니다. 완성된 ㉮와 ㉯ 중에서 어느 쪽이 더 넓습니까?

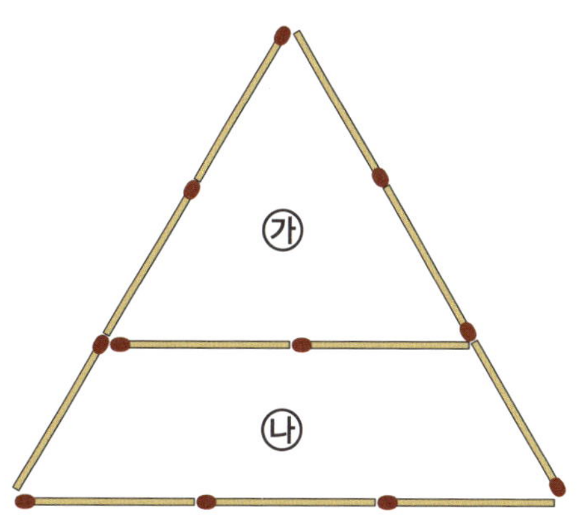

12. 다음 도형의 성냥개비를 3개만 움직여 크기가 같은 정사각형 3개를 만들어 보세요.

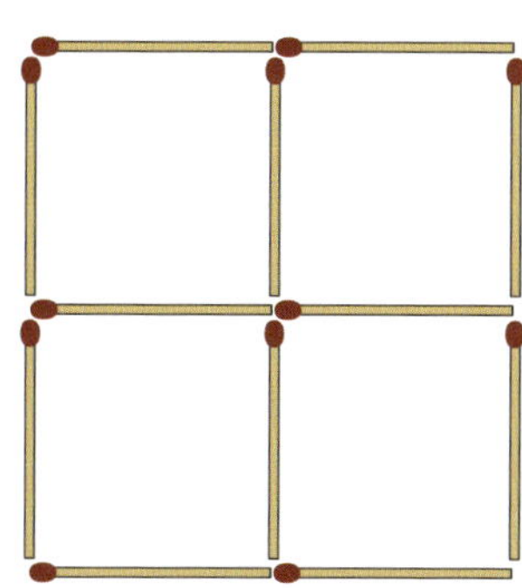

9쪽

유령에 ○표

10쪽

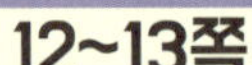

25+7=33

12-8=4

13+8=20

55+15=70

41+17=59

32-30=2

41+17=58

8+7=15

35+7=42

11쪽

12~13쪽

14~15쪽

16~17쪽

· 1번째 보물 상자에 황금이 있습니다.
· 나는 수학이 너무 좋아.
· 보물의 주인은 3번 유령입니다.

18~19쪽

 12

 20

 30

12+20+30=62

20~21쪽

(1) ② 2m²

(2) ③ 8m²

(3) ③ 둘 다 똑같아요.

(4) ③ 둘 다 똑같아요.

아무 까마귀에게 "다른 까마귀는 지하 감옥으로 가는 문이 어디라고 대답할까?" 하고 질문합니다. 그러면 어느 까마귀든 새로운 방으로 가는 문을 알려 주기 때문에 그쪽으로 가면 됩니다.

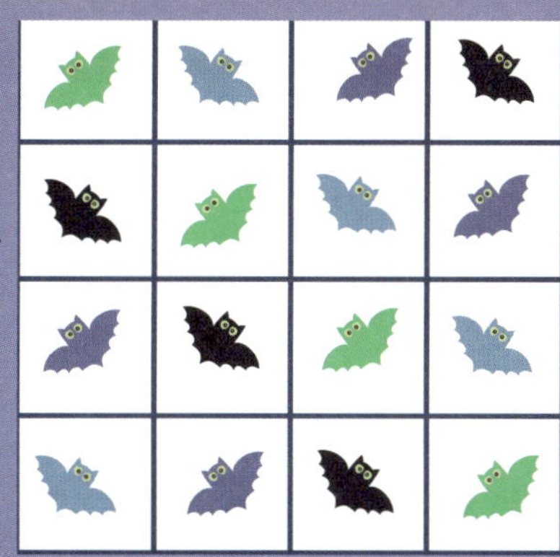

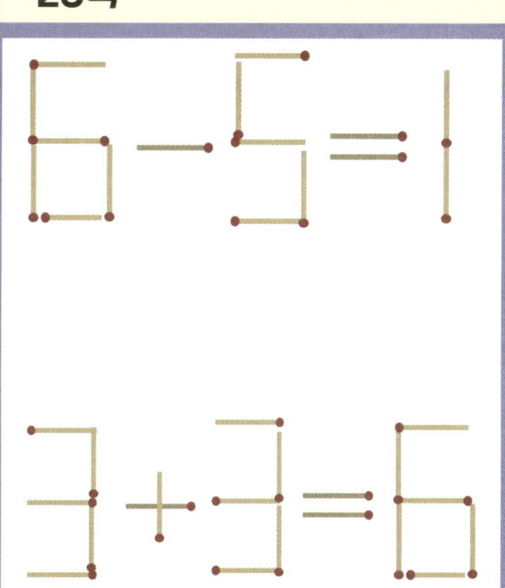

(1)

(2)

(3)

(4)

(5)

기사: 8+5=13(명)
말: 8마리
다리: 13×2+8×4=58(개)

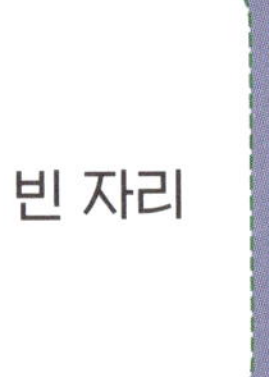

몬스 경   빈 자리   유령 에비   아클렛 경   유령 깨꼬닥

예

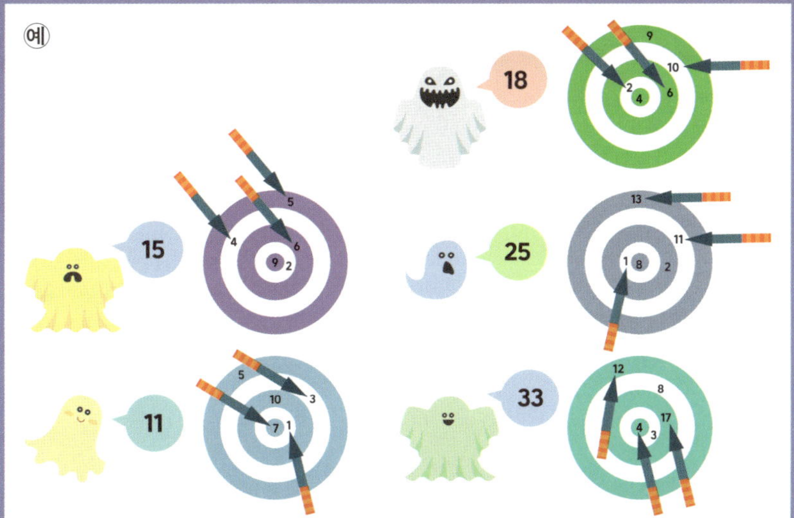

예

(1) 3-4-5-6-7-8
(2) 6-7-8-9-10
(3) 1-2-3-4-5-6-7
(4) 2-3-4-5
(5) 2-3-4-5-6
(6) 3-4-5-6-7-8

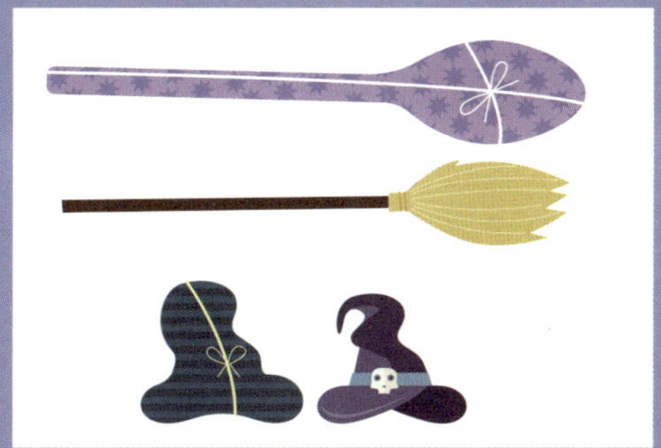

예

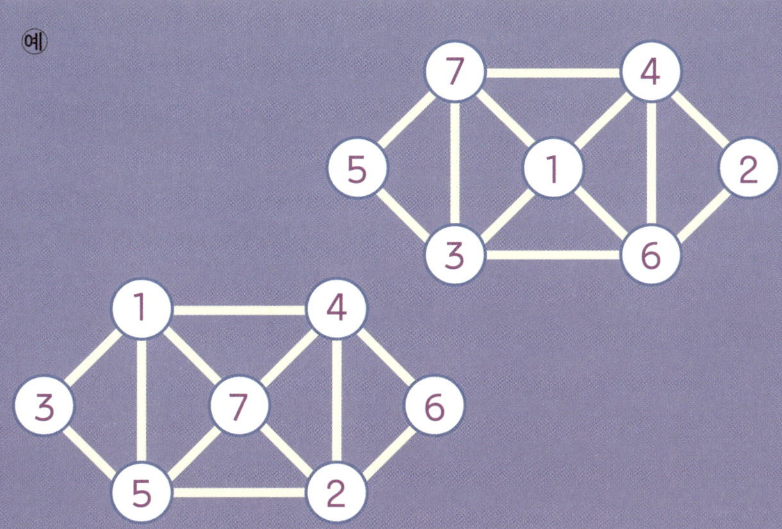

52쪽

1. (1) 3 (2) 1 (3) 2
2. (1) 5 (2) 6 (3) 8
3. 36번

53쪽

4. 21개
5. 49개
6. G, D, F, E, A, B, C

54쪽

7. 
8. 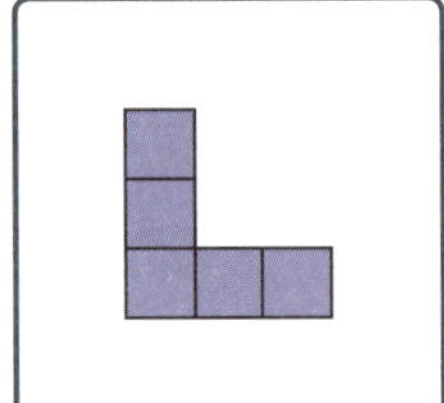
9. 7조각

55쪽

10. (1) ⑩ (2) ㉣, ㉡ (3) ⑩ (4) ㉢, ⑩, ㉣, ㉠, ㉡
11. ㉡
12. 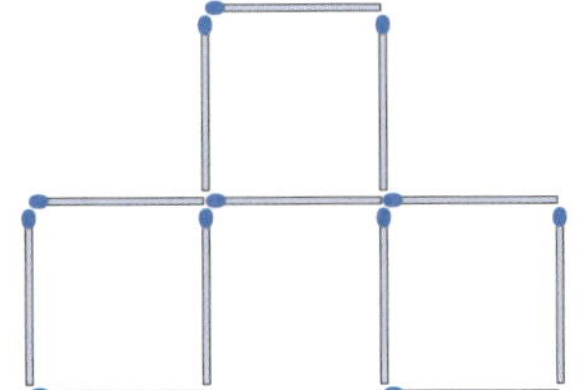

수빠맨 과 함께하는 초등 수학 학습 로드맵

쉽고 재미있게 초등 수학 전 과정을 배워 보세요.

초등 수학 교육 과정

수와 연산	도형과 측정
변화와 관계	자료와 가능성

영역	권	권 제목	세부 영역	학습 주제	권장 학년	학습 내용
수와 연산 기본	1	숫자 영웅들의 수학 모험	수와 연산	·수 ·도형 기초	1학년	· 0에서 9까지 수 익히기 · 여러 가지 선 알기 · 평면도형 개념 알기 · 도형의 안과 밖 깨치기
	2	덧셈 뺄셈 몬스터 왕국	수와 연산	·덧셈과 뺄셈 기초	1학년	· 두 자리 수 익히기 · 모양과 크기가 같은 도형 찾기 · 덧셈식과 뺄셈식의 기초
	3	나무마니 마을의 더하기 빼기	수와 연산	·덧셈과 뺄셈 심화	1학년	· 세 수의 덧셈식과 뺄셈식 · 100까지 수 익히기 · 좌표 읽기 기초 · 묶어 세기
	4	곱셈구구 나라의 비밀	수와 연산	·곱셈과 나눗셈 기초	2학년	· 곱셈구구 · 곱셈식과 나눗셈식 · 복잡한 계산식 쉽게 풀기
	5	사칙연산 바다를 지켜라	수와 연산	·사칙연산 기초	2학년	· 연산 규칙 찾기 · 여러 가지 방법으로 복합 사칙연산 하기 · 덧셈과 뺄셈의 관계를 식으로 나타내기
	6	곱셈 공장 수리 작전	수와 연산	·사칙연산 심화	2학년 ~ 4학년	· 곱셈·나눗셈 세로식 풀이 · 곱셈의 교환법칙과 결합법칙 · 약수와 배수 · 나눗셈의 몫을 곱셈식으로 구하기

영역	권	권 제목	세부 영역	학습 주제	권장 학년	학습 내용
수와 연산 심화	7	곱셈 나눗셈으로 요리를 뚝딱	수와 연산	·곱셈과 나눗셈 심화 ·분수 기초	3학년 ~ 5학년	· (몇십)×(몇)을 구하기 · (몇십)÷(몇)을 구하기 · 똑같이 나누기 · 분수로 나타내기 · 단위분수 개념
	8	분수 도둑을 잡아라	수와 연산	·분수	3학년 ~ 5학년	· 분자와 분모 · 크기가 같은 분수 만들기 · 분수 크기 비교 · 분수 계산
	9	소수 해적단의 바다 탐험	수와 연산	·소수 ·백분율	3학년 ~ 6학년	· 소수 개념 · 소수 크기 비교 · 소수 계산 · 백분율 개념과 분수를 백분율로 치환하기
	10	수학 마법의 성에서 규칙 찾기	수와 연산	·사고력 연산	2학년 ~ 5학년	· 수 배열 규칙 찾기 · 읽고 이해해서 푸는 문해력 연산 · 연산식으로 암호 풀기 · 연산 미로

영역	권	권 제목	세부 영역	학습 주제	권장 학년	학습 내용
도형과 측정, 변화와 관계, 자료와 가능성	11	공룡을 재는 여러 단위	측정	·길이 ·들이 ·무게 ·시간	2학년 ~ 3학년	· 길이, 넓이, 무게, 들이의 단위 · 기호를 숫자로 나타내기 · 시간과 시계 읽는 법 · 섭씨 온도와 화씨 온도
	12	규칙 유령이 사는 집	변화와 관계	·규칙과 추론	2학년 ~ 4학년	· 수 배열 규칙 추론 · 계산식에서 규칙 추론 · 무늬에서 규칙 추론 · 도형의 배열에서 규칙 추론
	13	도형과 함께 우주 탐험	도형	·도형 ·공간	3학년 ~ 6학년	· 선의 종류(선분과 직선) · 각과 직각 · 평면도형 · 정다면체 · 대칭이동과 회전이동, 평행이동
	14	숫자와 그래프로 마을을 구하라	자료와 가능성	·그래프 ·집합	3학년 ~ 6학년	· 표와 그래프 읽기 · 자료 조사와 표, 그래프로 나타내기 · 벤 다이어그램과 집합 · 비례식

글 | 마티아 크리벨리니

볼로냐 대학교에서 컴퓨터 과학 학위를 취득했으며 미국 인디애나 대학교에서 인지 과학을 전공했습니다. 2011년부터 이탈리아 세니갈리아에서 열리는 과학 축제 포스포로의 디렉터를 맡고 있습니다. 또한 NEXT 문화 협회를 통해 이탈리아와 해외에서 과학의 소통과 보급을 위한 활동을 조직하고 계획하는 데 큰 역할을 하고 있습니다.

기획 | 발레리아 바라티니

베니스의 카 포스카리 대학에서 예술 및 문화 활동의 경제학 및 관리 석사 학위를 취득했으며 로마 트레 대학에서 박물관 교육 표준 석사 학위를 취득했습니다. 교육 및 문화 기획 분야에서 일하고 있으며, 2015년부터 포스포로와 협력하여 과학 보급 및 비공식 교육과 관련된 이벤트 및 활동을 조직해 왔습니다.

그림 | 아그네세 바루치

ISIA(최고예술산업연구소)에서 그래픽을 공부했습니다. 2001년부터 일러스트레이터이자 작가로 활동하고 있으며 청소년을 위한 책들을 출판했습니다.

감수 | 송용진

한국을 대표하는 위상수학자입니다. 서울대학교 수학과를 졸업하고 미국 오하이오주립대에서 박사학위를 받았습니다. 오랫동안 영재교육과 수학올림피아드에 대한 일을 해 왔으며 지금은 국제수학올림피아드 선출직 위원(IMO Board Member)으로 활동하고 있습니다. 쓴 책으로 《수학은 우주로 흐른다》, 《영재의 법칙》, 《수학자가 들려주는 진짜 논리 이야기》 등이 있습니다.

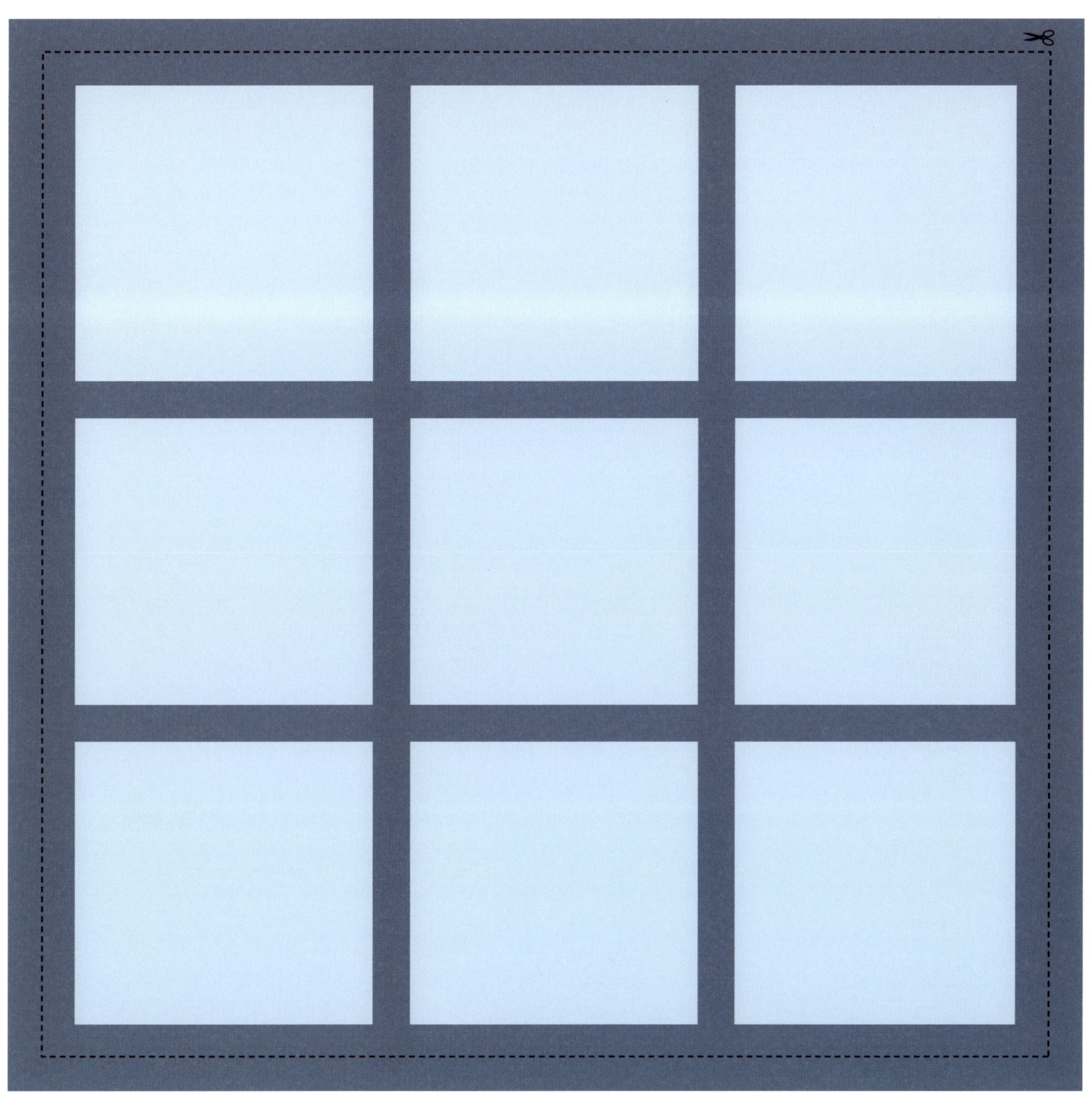

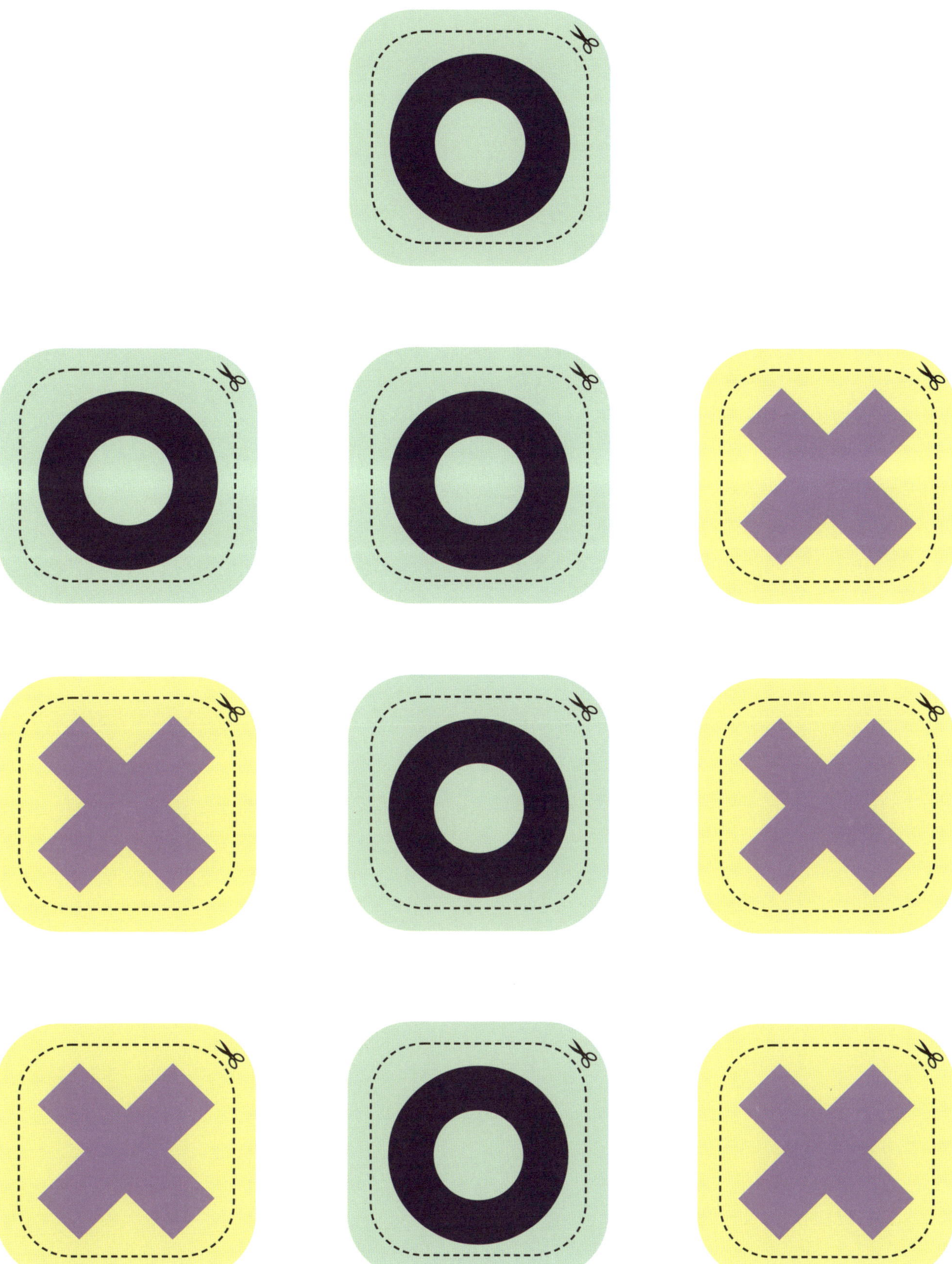

18쪽: 과일과 쿠키는 몇 개?

23쪽: 지하실 문

몬스 경

레이 경

아클렛 경

데이브 경

랑셀 경

30~31쪽: 깃발을 찾아라!

32~33쪽: 폴로 경기

32~33쪽: 폴로 경기

34~35쪽: 자리 찾기

유령 이름표